MANUEL

DE

L'INGÉNIEUR-FORESTIER.

Pour traiter, soit de la première édition, soit de la propriété de l'ouvrage , s'adresser , *franco* , à M. Monnoyer, Imprimeur,

ou

à M. Chiron , homme de lettres et professeur de mathématiques transcendantes, rue du Sépulcre, N.º 1, au Mans.

Les lettres non-affranchies ne seront pas acceptées.

Tout contrefacteur sera puni conformément aux lois.

MANUEL

DE

L'INGÉNIEUR-FORESTIER,

OU TECHNOLOGIE SPÉCIALE ET *sui generis* EXPOSITIVE D'UN CORPS DE DOCTRINES ET D'UN PLAN DE RÉGÉNÉRATION FORESTIÈRE TOUT-A-FAIT NEUF ;

A l'usage des Agens Forestiers de tous grades, des Propriétaires, des Marchands de bois et des Consommateurs.

Par M. Plinguet,

Ancien élève à l'Ecole Royale des Ponts et Chaussées ; Officier des Eaux et Forêts, en la ci-devant maîtrise de Beaugency ; Ingénieur des Princes LOUIS-PHILIPPE, ET LOUIS-PHILIPPE-JOSEPH, Ducs d'Orléans ; Vérificateur des plans du cadastre, etc.

Amicus Plato, sed magis amica veritas.

AU MANS,

DE L'IMPRIMERIE DE MONNOYER, IMPRIMEUR DU ROI.

AVRIL 1831.

A l'honorable et bienfaisant

Emile, Vicomte de L'ESPINE,

Ancien Maire d'Issy, près Paris,

et

A TOUTES LES SOCIÉTÉS SAVANTES DU
ROYAUME.

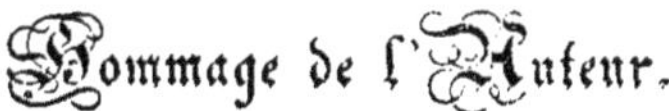

TABLE

ANALYTIQUE DES MATIÈRES.

Au Lecteur.

Le nouveau Code Forestier a cela de commun avec l'ordonnance de 1669 qu'il ne peut que régler la discipline, réprimer les délits, et régir la chose dans sa partie matérielle seulement. Mais sous le rapport moral du *savoir*, de *l'instruction positive*, et de *l'Idonéité*, la matière est encore toute neuve ; elle est à peine ébauchée par l'ordonnance royale du 26 août 1824, créatrice d'une *Ecole spéciale Forestière*. Mais une ordonnance est révocable de sa nature ; il serait donc opportun qu'une loi vint stabiliser l'établissement que nous devons au *ministère Villèle*, et le protéger contre les tentatives ultérieures de *l'obscurantisme*. Depuis long temps, pour la première fois, nous avons senti combien une *institution Forestière* était indispensable à la France ; nous en avons donc provoqué la création par trois éditions successives de notre *Examen analytique des causes du dépérissement des bois*. Dans cet *éveil* qui parut, pour la première fois en 1806, nous avons démontré, par des *faits avoués*, par des *dé-*

clarations officielles, par des *procès-verbaux authentiques*, 1.º que les forêts du royaume subissent annuellement une dépopulation foncière de 13,223 hectares ; 2.º qu'il en résulte un déficit annuel de 6,545,385 francs dans les revenus de l'État.

En fait de bois , et surtout en fait de bois de construction, quand on commence à sentir la disette, elle devient bientôt chagrinante. Il faut cent ans pour obtenir *une poutre* , et quelquefois plus ! Jamais, pourtant, la consommation n'en fut aussi grande que de nos jours. Jamais on ne vit s'élever de toutes parts autant de bâtisses qu'on le voit aujourd'hui. Cette sorte de luxe et de spéculation comporte des exigeances auxquelles nos forêts ne pourront bientôt plus répondre. Par un ordre inverse de ce mouvement général et rapide de la civilisation , la restauration des bois ne s'opère qu'avec langueur , et de mauvaise grâce , parce que ceux qui s'en occupent sont rarement destinés à jouir du fruit de leur travail. Cette indispensable et précieuse production ne se renouvelle que par dégrés presqu'insensibles : on n'y voit point de ces prompts changemens de scène qui animent l'intérêt en stimulant la curiosité. Aussi cette partie de l'économie rurale sur laquelle on a isolément écrit tant de belles et bonnes choses, est-elle, sous le rapport de la pratique, et de *l'ensemble*, restée fort en arrière de toutes les autres. C'est-elle qui a eu le moins de part aux merveilleux développemens des sciences physiques et mathématiques. Il faut en accuser les vices, et la molesse de son ancienne, comme de sa nouvelle organisation. Lorsque *Trudaine*, au commencement du règne de Louis XV, fonda l'école des Ponts et Chaussées, son grand objet, la substance de sa pensée, fut de créer des talents, parce que les talents greffés sur les sciences exactes et positives peuvent tout et conduisent à tout. Ils donnent à l'homme la conscience de sa dignité ; ils lui enseignent à regarder face à face les choses de la vie. Dans l'invasion de 1815, comme dans la révolution de juillet 1830, ils ont inspiré les élèves de nos écoles. *Trudaine*, en créant celle des Ponts et Chaussées, a mis sur la voie de fonder plus tard L'ÉCOLE POLYTECHNIQUE, cette école, l'étonnement et l'envie des puissances européennes ;

xiv

cette école à jamais célèbre, reconnue pour la
plus scientifique du monde civilisé , à cause
du choix de ses professeurs , et de leur grande
supériorité dans l'enseignement.

La foresterie qui , chez nous , chancelle
entre son ancien et son nouveau régime , ne
se trouve réellement ni dans l'un ni dans
l'autre , du moins en tant que *puissance amé-
nageante et reparatrice*. Comment n'en serait-
il pas ainsi, puisque son organisation, puisque
sa constitution la condamne à cette impuis-
sance , à cette stérilité de moyens ? Il y a bien
entr'elle et les Ponts et Chaussées parité de
vouloir et de *locomobilité* ; mais les Ponts et
Chaussées ont pour point d'appui la régle et
le compas, l'analyse et la démonstration ,
tandis que, dans notre foresterie , tout est
versatile comme l'occasion. Mais , après tout,
on est excusable d'ignorer ce qu'on n'a jamais
été tenu d'apprendre ; *ne nos pudeat nescire
quod nesciamus*, a dit *Cicéron*. La foresterie
de notre époque est aux Ponts et Chaussées
ce qu'une fourmillière est à une ruche d'a-
beilles. De part et d'autre il y a mouvement,
travail, activité, voilà pour la surface ; mais

à *l'intrinsèque* quelle différence de combinaisons ! Ici tout est ordre , précision , calcul, harmonie. Là, nul système d'ensemble, nuls élémens de certitude et de conviction ne se font appercevoir. Au reste, nous n'entendons parler ici que des choses, mais nullement des hommes que nous honorons, et que nous estimons infiniment , soit à cause de leur caractère personnel, soit à cause de leur position sociale.

La *science d'observation* , *l'esprit de recherche* et *d'investigation* qui sont la caractéristique transcendentale de notre époque (*) n'ont pu s'introduire dans notre régime forestier, par la raison toute simple qu'OBSERVER *est une science à part*, et parce que cette science à part présuppose une éducation préparatoire et *obligée* qui n'a été ni prescrite ni

(*) C'est aux méthodiques essais, dont *Chaptal* a fait pendant si long-temps ses délices, qu'on doit de savoir que 5o,ooo hectares consacrés à la culture de la betterave suffisent pour produire tout le sucre nécessaire à la consommation du pays : que les résidus et les feuilles peuvent nourrir un million de bêtes à cornes, et fournir l'engrais que l'on retirerait de 6o,ooo bœufs : que cette fabrication donnerait du travail à 3o,ooo individus : qu'enfin la vente du sucre fabriqué serait de 45,ooo,ooo, et celle de l'engrais, de 6,ooo,ooo de francs.

imposée à nos agens forestiers , en exercice.
Si quelques uns parmi eux font exception à la
règle générale , (et nous en connaissons plu-
sieurs qui sont dans ce cas ,) ils le doivent
soit à des études purement facultatives, et
discrétionnaires, soit aux circonstances acci-
dentelles où ils ont pu se trouver antérieu-
rement ; mais on peut dire de ceux-ci , par
rapport à la masse , *apparent rari*.

Il n'y a, à proprement parler, qu'un livre,
a dit *Condillac* , c'est celui de la nature , mais
il faut savoir le consulter. Dans l'immense ,
dans l'admirable ensemble de la création ,
tout semble être *rapport, emblême*, et *cor-
respondance.* Dans le règne végétal , comme
dans le règne animal, les diverses familles
revêtent une forme , une structure dont le
mécanisme organique a pour objet de perpé-
tuer les espèces, et de les différencier entre-
elles. Les individus du règne végétal, comme
ceux du règne animal, reconnaissent et subis-
sent l'influence des zônes , des températures,
et de l'alimentation. Comme tout le reste, les
bois sont soumis à cette loi générale. Pour-
quoi donc , dès lors, la science forestière ne

deviendrait-elle pas, enfin, une science positive comme tant d'autres le sont, l'anatomie, par exemple? dans celle-ci, les praticiens considèrent les os, les cartilages, les ligamens, les muscles, les vaisseaux, les nerfs, les ganglions, les follicules, les glandes, les membranes, les viscères; les tissus celluleux, musculeux et nerveux des anatomistes modernes : ils sont partagés sur la fibre albuginée de *Chaussier*; sur les sept tissus générateurs et sur les quatorze tissus composés de *Bichat*: Ils admettent les appareils ; le rapport des solides et des liquides, etc., etc., etc. Par quelle fatalité donc, les préposés moralement responsables de la vie de nos bois sont-ils, depuis si long-temps, dispensés de savoir que la passive existence des végétaux, parmi lesquels les arbres occupent le premier rang, reconnaît pour régulateurs les lois physiques, et les affinités chimiques; que, dans le règne végétal, il semble n'exister d'autre élément organique que le cellulaire : que, néanmoins, quelques physiologistes considèrent la moelle centrale des végétaux comme l'analogue du système nerveux des animaux : que, d'après des recherches assez récentes, *Dutrochet*, assure avoir trouvé, dans plusieurs plantes, des ganglions nerveux, et des fibres musculaires ; que l'oxigène, l'hydrogène et le carbone sont les élémens chimiques des végétaux, etc., etc., etc. ? Il est triste de le dire, la science forestière, considérée dans sa partie spécu-lative et positive, est la plus incomplette des sciences de cet ordre. Et, en effet, avant la création de *l'École de Nancy*, aucune loi, aucuns réglémens n'avaient imposé aux agens forestiers la condition des études spéciales sur lesquelles elle s'appuye. On n'a pu ap-prendre ce qu'on en sait que par des compa-raisons, que par des essais répétés dans beau-coup de lieux, et dans beaucoup de terrains différens. Or, on conçoit que, dans ces recher-ches si lentes de leur nature, le temps, la persévérance ou les moyens, ont dû manquer au plus grand nombre : c'est ainsi que l'on n'a pour guides que des instructions tradi-tionnelles.

De ces traditions ultérieurement soumises aux lois de la théorie, nous avons fait un corps de doctrines expérimentales que nous croyons devoir publier, en prenant acte de ce qu'étaient les forêts du pays sous Louis XIV ; de l'état où elles sont en 1831 ; et de l'état de plus en plus grave vers lequel elles se précipitent, sous les yeux et dans la main de leurs administrateurs officiels qui voudraient faire mieux, sans doute, mais qui ne le peuvent, ou plutôt *ne le savent pas.* Le mal est plus grand qu'on ne semble le croire, et nous ne saurions, sur cela, nous condamner au silence étouffant d'un homme qui n'ose tout dire. *Amicus Plato, sed magis amica veritas.*

Dans ce nouvel ouvrage, nous envisageons et nous présentons l'aménagement des bois sous un aspect tout-à-fait neuf. La théorie que nous allons exposer est justifiée par des faits patents et péremptoires. Nous en avons fait l'application tant à la *forêt de Montargis,* qu'à celle du *Chaumontois,* l'une des sous-divisions de la forêt d'Orléans. Voici quels furent les résultats de cette double application.

Antérieurement à l'ouverture de nos travaux, le revenu de la *forêt de Montargis* n'avait été que de 85,000 francs, année commune, ainsi que l'a constaté le relevé des adjudications annuelles pendant les précédentes révolutions de ses coupes. Par l'application de notre méthode de restauration, ce revenu fut porté au-delà de 180,000 francs; il s'y est constamment soutenu. Outre cette amélioration régulière et de permanence, nous avons fait sortir de la même forêt pour 436,679 fr. de coupes extraordinaires qui, dans un intervalle de quatre ans, furent exploitées pour l'allégement du sol épuisé de longue main.

En ce qui touche la *forêt d'Orléans*, nous démontrâmes l'urgence de venir au secours de sa vitalité, en la rajeunissant, et d'accroître, par là, son revenu d'une somme annuelle de 244,749 fr. Nos prévisions furent largement réalisées dans la Garderie dite *le Chaumontois*. Nous élevâmes le produit annuel de cette surface boisée de 41,061 francs, qu'il était année commune, à la somme permanente de 127,822 francs. Le fait des améliorations que nous venons d'articuler est notoire, il est authentique, il est officiel : il a été publié dans divers ouvrages, à partir de

1789 , sans avoir jamais été contesté par qui que ce soit (*).

Nous devons faire observer ici , comme une considération importante à établir, que les accroissemens de revenu qui viennent d'être articulés *en fait* sont en déhors du renchérissement de la denrée , et qu'ils ne reconnaissent point pour cause occasionelle ce renchérissement progressif. Dans les forêts dont nous venons de parler, les bois étaient exploités beaucoup trop vieux, ainsi que nous l'exposerons dans le cours de cet ouvrage. Quand on en faisait l'adjudication, ils étaient dépérissans sur pied depuis plus ou moins long-temps. Par le mode d'usance selon lequel on procédait alors , il y avait à perdre un

(*) Mr Pitoin, intendant des finances de l'aïeul du Roi Louis-Philippe Ier, voulut bien nous en témoigner sa satisfaction dans les termes les plus obligeans. « *Voilà une bonne besogne de faite ,* » nous écrivait-il , en novembre 1784, *et puisque tout le monde* » *applaudit à votre ouvrage , vous devez être content de vous.* » *J'étais d'avance aussi sûr de vos succès que de votre zèle. Vous* » *avez été jugé par les maîtres de l'art, et sur le lieu , cela est bien* » *flatteur pour vous. Je connais tout votre mérite , toute votre* » *intelligence et toute votre activité. Je suis très-flatté que vos* » *talents soient consacrés à notre maître. Sa postérité en recueillera* » *le fruit : Il est juste que vous recueilliez aussi le fruit de vos* » *soins et de vos travaux : je leur rends la justice qui leur est due.* »

plus ou moins grand nombre de feuilles qui étaient en déficit pour le revenu, et qui entraînaient le double inconvénient d'épuiser le terrain et de stériliser les souches. Or, pour passer de cette fausse mesure d'âge à un meilleur état de choses, nous avons consulté la nature, nous l'avons interrogée, et nous avons su lui obéir. La bonification que nous venons de signaler n'a donc été que l'effet consécutif d'une plus grande quantité de marchandises à livrer annuellement au commerce ; mais nous n'avons visé qu'au soulagement des fonds ; nous n'avons eu d'autre point de mire que la précieuse et sainte conservation de l'espèce. Il ne faut pas croire, au surplus, que rajeunir artistement et méthodiquement une étendue de bois donnée soit chose si facile qu'on pourrait le penser de prime-abord. On verra, plus loin, que les procédés par lesquels on peut atteindre ce but avec succès exigent une éducation préliminaire, ainsi que des connaissances acquises toutes spéciales. On verra que les emplois forestiers n'ont pas encore été bien définis ; que leur importance est grande, et qu'ils ne peuvent être confiés à des mains inhabiles sans qu'il y ait conspiration indirecte contre le pays, sous le rapport de ses approvisionnemens en bois (*).

On a beaucoup fait, et avec raison, pour l'encouragement des prairies-artificielles, mais les forêts n'ont pas moins d'importance, a dit le Ministre de l'Intérieur, dans une circulaire que nous rapporterons ci-après. Si la vérité avouée par le Ministre était aussi bien sentie

(*) C'est à l'école des Ponts et Chaussées, sous MM. *Perronnet, de Chézy et Le Sage,* que nous avons puisé notre instruction. Après y avoir terminé nos cours, nous fûmes pourvu de l'office de *Capitaine Forestier* près la maîtrise de Beaugency qui relevait de la *maison d'Orléans,* à titre d'apanage. — Par goût et par inclination native, nous fîmes une étude toute particulière du sol et de la nature des bois soumis à notre surveillance. Nous en adressâmes, au conseil du prince, le plan, ainsi que des projets d'amélioration, sous une forme qui parut neuve, et qui piqua la curiosité de ce conseil. Nos projets furent admis : l'exécution nous eu fut confiée par le chevalier de Bélisle, alors chancelier de la maison. Les résultats furent en parfaite concordance avec nos apperçus, tellement que, peu de temps après, nous fûmes appelé à la refonte des bois et forêts de cette maison. — Nous ne saurions dire combien de fois, durant notre exercice, sous les princes *Louis-Philippe* et *Louis-Philippe-Joseph,* nous avons eu lieu de reconnaître que sans l'instruction constitutive de *l'Ingénieur,* il est radicalement impossible d'être *Forestier* dans l'acception propre de la chose. Sans le secours de cette instruction, nous fussions resté fort au-dessous des simples devoirs imposés par la charge que nous avions achetée.

qu'il faudrait qu'elle le fut ; si le gouverne-
ment voyait la chose sous son véritable point
de vue ; s'il connaissait toute la profondeur
de la plaie, il faut regarder comme certain
qu'il affecterait des primes d'encouragement
à la plantation des bois , et qu'au lieu de
gréver de contributions un objet encore sans
profit pour le propriétaire , il piquerait l'é-
mulation des planteurs en affranchissant de
l'impôt, pour un temps donné, tous les semis
qui auraient une étendue déterminée.

C'est, sans doute , un pas immense fait vers
le bien que la création d'une école spéciale
forestière , mais cette école , quelle qu'exten-
sion qu'on lui donne par des succursales , ne
produira que des fruits bien lents, et bien
précaires , eu égard au pressant état des cho-
ses. Nous dirons , en nous résumant , com-
ment il serait possible et glorieux pour un
gouvernement ami des idées généreuses , de
prendre une grande mesure pour obvier aux
inconvéniens de cette lenteur.

Puisse ce nouvel ouvrage dissiper les épais-
ses ténèbres qui enveloppent notre situation

forestière. Puisse, enfin, l'autorité du calcul,
de la raison, et de l'évidence prévaloir sur
l'aveugle routine qui désole nos forêts, et qui
les décime sans miséricorde. Tout sentiment
d'égoïsme doit s'anéantir devant un intérêt
commun qui sollicite de promptes et efficaces
mesures. Nous ne saurions donc trop vive-
ment invoquer au soutien de nos vœux per-
sonnels le généreux appui des sociétés savan-
tes, et de tout ce qu'il y a, dans le royaume,
d'hommes éclairés amis de notre prospérité
financière. C'est surtout quand il s'agit d'as-
surer au pays ses approvisionnemens en bois
qu'une association de communs efforts doit
être accueillie par le gouvernement d'un ROI
CITOYEN.

Au surplus, nous écrivons sous l'influence
inoffensive d'une conviction profonde, et
nous accueillerons avec autant d'empresse-
ment que de reconnaissance les observations
d'une critique judicieuse et désintéressée.

SIGNIFICATION DE QUELQUES MOTS TECHNIQUES EMPLOYÉS DANS LE TEXTE.

Affouage : exprime l'usage et le privilége de couper du bois dans une forêt, pour son chauffage, pour celui de sa famille, et quelque fois, pour le service de certaines usines.

Aumailles : ce sont les vaches, et en général les bêtes à cornes.

Conduiseur : celui qui dirige et qui surveille les travaux de l'exploitation, pour le compte du marchand-ventier.

Coupe : quantité de bois qui est à abattre en une seule pièce ; temps où l'on doit la faire.

Facteur : terme d'algèbre qui signifie les quantités dont un produit est formé.

Feuille : la pousse d'une année. Dix feuilles représentent dix ans.

Géoscopie : connaissance des qualités de la terre.

Gruyers : officiers forestiers dont les emplois ont été déclarés héréditaires par un édit de janvier 1583, et dont les fonctions étaient fixés par le titre IX de l'ordonnance de 1669.

Mai : signifie l'action et les effets de la sève pendant ce mois. Il y a *la sève de mai* et *la sève d'août* ; mais celle-là est bien plus puissante, et bien plus active que celle-ci.

Main-mortable : corps et sociétés qui ne meurent point ; malgré le remplacement successif des membres qui les composent.

Panage : pâture des porcs dans les bois et forêts.

Usance : exploitation des bois. User une vente , c'est l'exploiter.

Vente : synonyme de *coupe*.

Ventier. = *Marchand-ventier* : adjudicataire d'une ou de plusieurs coupes ; marchand de bois.

EXPLICATION DES SIGNES ALGÉBRIQUES EMPLOYÉS POUR ABRÉGER LE DISCOURS.

$=$ Est le signe *d'égalité.*

$+$ Signifie *plus.* Ainsi $12 + 4 = 16$ signifie que *douze plus quatre égalent seize.*

$-$ Signifie *moins.* Ainsi $18 - 6 = 12$ signifie que *dix-huit moins six égalent douze.*

$\times$ Est le signe de la *multiplication.* Ainsi $4 \times 3 = 12$ signifie que *quatre multiplié par trois égalent douze.*

$\div$ Est le signe de la *division.* Ainsi $\frac{15}{3}$ signifie *quinze divisés par trois*, de même que $\frac{10 \text{ francs}}{5 \text{ ans}} = 2$, signifie que *dix francs divisés par cinq ans, donnent deux francs par an.*

$:$ Signifie *est à.*

$::$ Signifie *comme.* Ainsi $2 : 4 :: 4 : 8$ signifie que *deux sont à quatre comme quatre sont à huit.*

VOCABULAIRE DES BOIS

CONSIDÉRÉS SELON LEURS MANIÈRES D'ÊTRE, ET SELON LEURS
DESTINATIONS ULTÉRIEURES.

DES BOIS SUR PIED.

On appelle :

Bois arsin ; celui qui est maltraité par le feu.

Bois blanc ; le peuplier , le bouleau , etc.

Bois bouché ; celui qui a quelque courbure naturelle.

Bois carié ; celui qui a des malandres , ou nœuds pourris.

Bois chablis ; celui qui est maltraité par les vents.

Bois charmé ; celui qui a reçu quelque dommage qui n'est pas apparent , et qui est menacé de périr , ou de tomber.

Bois en défends ; celui qu'il est défendu de couper , et dans lequel les bestiaux ne doivent pas paître.

Bois encroué ; celui qui est renversé sur d'autres où ses branches sont embarrassées

Bois en étant ; celui qui est debout.

Bois faucillon ; celui qui est assez jeune pour être coupé à la faucille.

Bois gélis ; celui qui est gercé par la gelée.

Bois marmenteaux ; ceux qui servent d'ornemens, et dont les usufruitiers n'ont pas le droit de disposer.

Bois mort ; celui qui ne végéte plus, soit qu'il tienne encore à l'arbre, soit qu'il en ait été séparé.

Bois mort en pied ; celui qui est pourri sur pied, et seulement bon à brûler.

Bois en pueil ; celui qui vient d'être recépé au-dessous de trois ans.

Bois rabougri ; celui qui est mal fait et de mauvaise venue.

Bois recépé ; celui qu'on a coupé au pied pour lui donner une plus belle venue.

Bois sur le retour ; celui qui est trop vieux, et qui commence à perdre de son prix.

Bois vif ; celui qui porte du fruit, et qui est d'un bel aspect.

Bois de haut revenu ; demie-futaie de 50 à 60 ans.

Bois défensable ; celui dans lequel les bestiaux sont admis à paître, et qu'il est permis de couper.

DES BOIS DE CHAUFFAGE.

Le bois de *chauffage* est neuf ou flotté. *Jean Rouvet,* fut le premier qui, en 1549, imagina de jeter dans les rivières non navigables, ainsi que dans les cours-d'eau qui allaient y confluer, les bois coupés en forêts, et de les y faire descendre jusqu'aux rivières navigables. Il fit ses premiers essais dans le *morvan.*

C'est en 1641, que s'introduisit dans le commerce l'usage des membrures, aujourd'hui connues sous le nom de *stère* et *double-stère*, pour mesurer le bois de chauffage.

Sous la désignation de *bois de traverse*, on comprend tout ce qui est *bois blanc*.

On nomme :

Bois de moule ; celui dont les bûches ont dix pouces de tour.

Bois de corde ; celui dont les bûches ont de quinze à dix-sept pouces de tour.

Bois taillis ; celui qui n'a que cinq à six pouces de tour.

Bois-neuf ; celui qui a été transporté par voitures, ou par bateaux.

Bois-flotté ; celui qui est transporté par radeaux.

Bois de gravier ; celui qui provient de fonds pierreux et caillouteux. C'est celui dont l'*user* est le plus profitable.

Bois pelard ; celui qui a été écorcé dans le moment de la sève.

Bois d'andelle ; celui que donne le hêtre.

Bois tortillard ; celui qui n'est pas reçu dans les membrures, à cause des vides qu'il y produit.

Bois-boucan ; celui qui, par vétusté, n'est plus de mesure pour être vendu selon les dimensions usitées.

Bois en chantier ; celui qui est en pile, ou en magasin.

Bois perdu; celui qu'on jette dans des ruisseaux, ou cours-d'eau qui ne peuvent porter bateau.

Bois-Canard ; celui qui reste au fonds de l'eau, ou qui s'arrête le long du rivage.

Bois-volant ; celui que le flot amène droit au port.

Bois-échappé ; celui que les inondations déposent sur le littoral.

DES BOIS DE CHARPENTE,

Les variétés de bois de charpente sont :

Le bois gras, ou *doux* ; il a moins de nœuds que le bois ferme. Il est propre à faire des panneaux de menuiserie et des assemblages qui ne fatiguent point.

Le bois dur, ou *rustique ;* il a le fil gros. Il vient dans les terres fortes, dans les fonds pierreux et sur le contour des forêts.

Le bois léger ; c'est le *peuplier*, le *tilleul*, le *tremble* et les *bois-blancs*, en général.

Le bois au cent, ou *cent de solives ; la solive* est de six pieds de long sur six pouces d'équarrissage. Dans le commerce, tout se réduit à cette mesure prise pour unité. Soit pour la vente, soit pour le transport, soit pour le cubage, une poutre est réduite au nombre de solives qu'elle comporte.

Le bois affaibli ; celui dans lequel on fait saillir des bossages, ou des encorbellemens.

Le bois apparent ; celui qui étant en œuvre n'est recouvert ni de plâtre, ni d'aucune autre substance.

Le bois blanc ; celui qui tient de la nature de l'aubier et qui se détériore facilement.

Le bois bouge ; celui qui a du bombement.

Le bois cantiban ; celui qui n'a de bouge que d'un côté.

Le bois corroyé ; celui qui est dressé à la varlope, ou au rabot.

Le bois déchiré ; celui qui provient de quelque ouvrage mis en pièces.

Le bois déversé, ou *gauchi ;* celui qui, après avoir été travaillé, n'a pas conservé la forme que lui a donnée l'ouvrier, mais qui s'est déjeté, courbé, etc.

Le bois d'échantillon ; celui qui est de longueur et de grosseur déterminées.

Le bois échauffé, ou *bois pouilleux ;* celui qui se détériore ; sur lequel on remarque des petites taches rouges et noires.

Le bois d'entrée ; celui qui est entre le verd et le sec.

Le bois d'équarrissàge ; celui qui est propre à recevoir la forme d'un parallélipipède.

Le bois flâche ; celui qui ne peut être équarri sans beaucoup de déchet.

Le bois gisant ; celui qui est abattu et couché par terre.

Le bois en grume ; celui qui n'est pas équarri, tels sont les pieux.

Le bois lavé ; celui qui a été repassé à la besaigue , pour en faire disparaître les rencontres et les traits de scie.

Le bois mouliné ; celui qui est piqué des vers.

Le bois tourmenté ; celui qui se déjète pour avoir été employé trop verd , ou humide.

Le bois refait ; celui qui, de gauche et flâche qu'il était , est redressé au cordeau sur ses faces.

Le bois de refends ; celui qu'on débite en merrain, lattes , échalats, serches de boissellerie , etc. etc.

Le bois rouge ; celui qui s'échauffe, et qui tend à pourrir.

Le bois roulé ; celui dont les couches concentriques ne sont pas adhérentes et liées entr'elles. Un arbre est sujet à se rouler quand , étant en sève, il est battu par les vents.

Le bois sain et net ; celui qui est sans malandres, gales , fistules , etc.

Le bois tortu ; celui qui est bon à faire des courbes pour la marine.

Le bois tranché ; celui qui a des nœuds vicieux , ou des fils obliques qui déparent la pièce et qui la rendent peu propre soit à porter charge , soit à être refendue.

Le bois vermoulu; celui qui est piqué des vers.

Le bois vif ; celui qui est à vives arrêtes, sans flâ-
ches, ni aubier, ni écorce.

DU BOIS DE SCIAGE.

On comprend sous ce nom tout ce qui a moins
de six pouces d'équarrissage, et beaucoup de bois
tendres dont on fait *boiseries*, *parquetages*, *lam-
bris*, *lambourdes*, etc. etc.

On appelle :

Bois mi-plat ; celui qui est beaucoup plus large
qu'épais.

Bois ouvré ; celui qui a passé par les mains de
l'ouvrier.

Bois merrain ; celui qui est débité en petits ais
ou douves, pour faire des tonneaux, cuviers, baril-
lages, etc.

Bardeau ; celui qui est débité en petits ais des-
tinés à couvrir des maisons, ou à lambrisser de
grands cénacles.

Bois d'ouvrage ; celui qu'on travaille dans les
coupes en exploitation, et dont on fait des sabots,
des pelles, des éclisses, de la vaisselle de bois, etc.

MANUEL

DE

L'INGÉNIEUR-FORESTIER.

CHAPITRE PREMIER.

COUP-D'OEIL HISTORIQUE ET CHRONOLOGIQUE SUR LA FORESTRIE EN FRANCE.

1. — Dans le temps où la France couverte de bois présentait une population bien moins nombreuse que de nos jours, la conservation des forêts semblait n'avoir d'autre objet que le plaisir de la chasse.

2. — Dans la vue d'attirer des colons, on accorda des droits d'usage, mais bientôt l'abus s'introduisit dans l'exercice de ces droits. Il intervint sur la matière des lois diverses dont le nombre s'accrut successivement. On en vint donc à penser que *les eaux et forêts* devaient être l'objet d'un corps de législation particulière dont l'exécution fut confiée à des juges spéciaux. Il y eut un *grand forestier*, un

souverain grand-maître. Les grands-maîtres-géné-raux , d'abord au nombre de six , ensuite au nombre de vingt , furent chargés de l'administration. Les *Capitulaires* envisagent ces magistrats sous le double rapport d'administrateurs et de juges. Cette administration fut respectée et maintenue lors de la décadence des rois de la seconde race.

3. — Une ordonnance de 1356, assura les droits des officiers des *eaux et forêts*. Sous FRANÇOIS I.er , ils furent spécialement protégés , et plus considérés encore qu'ils ne l'avaient été par le passé. Mais quelques-uns d'entr'eux se sont permis des empié-temens d'autorité qui seraient difficiles à croire , si des actes publics n'en avaient conservé le souvenir. Sous CHARLES IX , par exemple , *Jean Bodin* , avocat au parlement de Paris , et procureur de la réformation d'alors en Normandie , persuada au monarque que tous les bois de cette province étaient grévés du droit de *tiers et danger*. (*) Il attaqua presque toutes les familles : il instruisit plus de

---

(*) Le droit du *tiers et danger* consistait à distraire au profit du domaine , soit en nature , soit en deniers à percevoir sur le prix de la vente , au choix du gouvernement , le tiers et le dixième du bois vendu. Si , par exemple , l'adjudication roulait sur trente arpens , il en était prélevé *dix, pour le tiers, et trois, pour le dixième,* C. A. D. 13 *sur* 30; mais en Normandie , les tréfonciers avaient titre et possession pour ne payer qu'une partie de ce droit. Ils payaient seulement *le tiers* , ou seulement *le danger*.

quatre cents procès : il alla jusqu'à vouloir dépossé-
der tous les propriétaires de bois. La province fut
émue de cette prétention gigantesque : le parle-
ment et la noblesse nommèrent des députés. Le roi,
fatigué de ces plaintes, et pour en finir, rendit en
1571, un édit par lequel il ordonna l'aliénation du
droit de tiers-et-danger. *Bodin* eut l'audace de
s'opposer à l'enrégistrement de cet édit; mais le
roi, par une déclaration incidente, frappa de nul-
lité la protestation de *Bodin*, et ordonna qu'il fut
passé outre.

4. — La vénalité des charges introduite sous *le
chancelier Duprat*, fut suivie d'érections de tri-
bunaux et de créations successives d'offices par
trop multipliés : delà des plaintes et des réductions.
Mais dans la création comme dans la suppression
des emplois forestiers, ainsi que dans leurs promo-
tions, *toujours des considérations particulières l'ont
emporté sur l'intérêt de la chose.* Cela est si vrai
qu'en 1597, *Sully*, lui-même fut contraint de cé-
der aux circonstances du moment, car, tout en
supprimant des officiers inutiles, il leur permit de
rentrer en fonctions au bout de deux ans, dans le
cas où le remboursement de leurs offices ne serait
pas effectué à l'expiration de ce délai.

5. — La découverte du nouveau monde exerça
son inévitable influence sur la politique, et sur les
prévisions du gouvernement. Le commerce mari-

time qui était à créer donna lieu à des réglemens concernant les rivières, comme à une police pour la conservation des bois. Ils devenaient précieux à l'état qui devait y trouver des matériaux pour sa marine naissante. On proscrivit les défrîchemens jusqu'alors encouragés, et, en assujétissant les forêts à des réglemens spéciaux, on réprima les désirs indiscrets des bénéficiers et des mains-mortables. .

6. — Il est fâcheux d'avoir à dire que, dans ces temps si reculés ; que, *dans ces temps ou voudraient nous reporter les antagonistes des idées nouvelles*, des notabilités imposantes par leur position sociale ont encouru de graves censures. C'est ainsi que :

Colbert, par jugement du 27 mars 1665, condamna en 12,000 livres d'amende le maître particulier de *Chizé*, qui eut à se défaire de sa charge, pour cause de malversation.

De Barillon, en 1666, prononça contre deux grands-maîtres, plusieurs peines et amendes.

De Barentin, frappa, les officiers de la maîtrise de *Mont-Morillon*, d'un jugement en date du 17 mai 1667. Par jugement du 23 des mêmes mois et an, il atteignit les deux grands-maîtres *du Poitou.* Le plus ancien des deux fut déclaré incapable d'exercer aucun emploi dans les forêts du Roi : il fut, en outre, condamné en 4,000 livres d'amende, et à 2,000 livres d'aumônes. Le grand-maître en exercice fut condamné en une amende de 1,200 livres, ainsi qu'à une aumône de 5oo livres, et il eut à se défaire de sa charge dans un mois pour tout délai.

Un autre jugement, du 27 des mois et an susdits, condamna les maîtres-particuliers et officiers de la *maîtrise d'Aulnay*, en dommages et intérêts, restitution et amende, avec intimation de se défaire respectivement de leurs charges.

De Machault, le 16 novembre 1669, condamna les officiers de la *maîtrise de Laigne*, en plusieurs peines et amendes.

7. — La digression que nous venons de faire, montre assez combien nos forêts, dans tous les temps, ont eu à souffrir soit de la faiblesse, soit de l'incapacité des préposés à leur manutention. C'est une déplorable et très-sérieuse vérité *sur laquelle nous aurons à revenir* et sur laquelle nous ne pouvons pas ne pas insister beaucoup.

8. — Enfin, sous *Colbert*, parut cette ordonnance fameuse regardée, pour le temps, comme un chef-d'œuvre de raison, de justice, de prévoyance et de politique. Elle fut l'ouvrage de *vingt-un commissaires* uniquement occupés, *pendant huit années consécutives*, à s'instruire sur les lieux, dans une matière que des études spéciales, soutenues de la pratique, peuvent seules enseigner.

9. — Toutefois, cette mémorable ordonnance qui avait eu, comme celle de la marine, la prérogative d'étendre sa renommée chez les puissances

étrangères trouva , au sein même du royaume , des obstacles à son exécution. Dans les *pays d'États* , les officiers auxquels était confiée cette exécution eurent pour adversaires les administrateurs des provinces qui voyaient avec inquiétude cette branche du service public entre les mains d'agens qu'ils considéraient comme purement ministériels. Sur d'autres points du royaume , les officiers des eaux et forêts eurent à combattre les entreprises des intendans. Enfin , les édits bursaux de 1707 et de 1708 , portèrent de violentes atteintes à l'ordonnance de 1669 , par les aliénations qu'ils permirent et par l'établissement des gruyers seigneuriaux qu'ils autorisèrent. Il en résulta de la confusion et du trouble dans le régime des eaux et forêts. *La brigue , les sollicitations de puissans personnages favorisèrent l'ineptie ; elles affaiblirent de plus en plus une vigilance que tout aurait dû encourager. En un mot, la prévarication fut comme autorisée par une insouciance mal déguisée de la part du pouvoir.* Tel était l'état des choses au commencement du dernier siècle. (*)

10. — On sait assez que les abus ne rétrogradent pas ; rarement sont-ils stationnaires ; tout au plus

---

(*) Les treize dernières lignes de ce §. appartiennent presqu'autant à l'histoire forestière de 1831 qu'à l'histoire des édits Bursaux de 1707, et de 1708.

changent-ils de forme ou de prétexte pour repren-
dre leur premier empire. De proche en proche donc
les abus se sont introduits , ils se sont comme im-
patronisés dans toutes les branches de l'administra-
tion. *En* 1831 *, surtout, la faveur et l'intrigue lèvent
le masque , et se coalisent pour imposer à nos forêts
des agens qui, fort estimables , et très-recomman-
dables , d'ailleurs, compromettent le service , faute
d'avoir acquis* LE SAVOIR *et* L'INSTRUCTION SPÉCIALE
sans lesquels on biaisera toujours le but proposé.
Notre situation s'assombrit chaque jour de plus en
plus. *La détérioration de nos bois est imminente.*
Beaucoup de forêts sont dépouillées de leur an-
cienne splendeur ; beaucoup d'autres attristent les
yeux de leur affligeante nudité : c'est un point de
fait à l'abri de toute dénégation , et sur lequel tout
le monde est d'accord. Cela est si vrai qu'on est
tenté d'attribuer au déboisement de la France les
variations atmosphériques qui s'y font remarquer.
*Sur cela nous laisserons parler le ministre de l'in-
térieur.* Voici la circulaire qu'il adressa aux préfets
des départemens, le 25 avril 1821.

11. — « Depuis quelques années , nous sommes
» témoins de refroidissemens sensibles dans l'at-
» mosphère , de variations subites dans les saisons
» et d'ouragans ou d'inondations extraordinaires
» auxquelles la France semble devenir de plus en
» plus sujette. On l'attribue en partie au deboise-

» ment des montagnes, aux défrichement des forêts,
» au défaut d'abri qu'éprouvent nos campagnes ,
» et à l'absence des obstacles naturels qui s'oppo-
» saient jadis aux vents et aux nuages du nord et
de l'ouest.

» Pour fixer mon opinion , et pour voir ensuite
» quelles dispositions ordonner , je viens vous de-
» mander des notes sur les divers points qui suivent.

» Quelles forêts existaient dans votre départe-
» ment il y a trente ans ? Dans quelle zône et à
» quelle élévation étaient-elles placées ? Quelle était
» leur étendue, et de quelle espèces d'arbres étaient-
» elles formées ?

» Quels en étaient les propriétaires ?

» Quelles sont celles qui existent encore , et
» celles qui ont été abattues ?

» Quelle influence a-t-on remarqué que la diffé-
» rence d'abri exerçat sur le systême météorologi-
» que du département ?

» On a beaucoup fait, et avec raison , pour l'en-
» couragement des prairies artificielles , mais les
» forêts n'ont pas moins d'importance ; et quand les
» recherches auxquelles je vous prie de vous livrer
» n'auraient d'autre résultat que celui d'arrêter vos
» regards sur ce genre de culture et de richesse, ma
» lettre aurait encore rempli en partie son objet. »

12. — Il est donc évident , il est donc incontes-
table que , malgré les moyens de conservation em-

ployés depuis Louis **XIV**, jusqu'à ce jour, les forêts du pays sont dépérissantes, et qu'elles subissent un décroissement progressif dans leur étendue. *Buffon* a proclamé une triste et fâcheuse vérité quand il a dit, « tous nos projets forestiers doivent » se réduire à tâcher de conserver les bois qui nous » restent, et à renouveller une partie de ceux que » nous avons détruits. Ils étaient, autrefois, très- » communs en France ; ce qui en reste suffit à » peine aux usages indispensables, et l'on est me- » nacé d'en manquer par la suite. »

13. — Sans se l'avouer à soi-même, peut-être, on n'envisage les forêts que sous le point de vue du produit annuel qu'on en retire. On vit dans le présent, et l'on ferme les yeux sur l'avenir. Or, dans ce faux calcul d'un égoïsme héréditaire, on méconnaît le rapport occulte qui fait dépendre la vitalité des fonds, de l'usance plus ou moins bien entendue de leur superficie, et réciproquement. C'est dans cette dépendance mutuelle qu'est le mot de l'énigme. Tant qu'on ne visera point à résoudre ce problême, *tout ira de mal en pis.*

14. — Au fléau de la vénalité des charges a survécu *le fléau de la routine.* C'est fort mal-à-propos que l'on qualifie d'*aménagement*, des *divisions par coupes* qui n'en sont que le mince accessoire. Une division par coupes ne constitue pas plus un aména-

gement pris dans la véritable acception de la chose, qu'un inventaire après décès ne ressemble à une liquidation qui règle définitivement les droits de chacun. Une liquidation exige un *savoir*, elle entraîne des combinaisons que ne réclame pas un inventaire pur et simple. Celui-ci prend les choses pour ce qu'elles sont, il ne fait que les constater : celle-là les modifie et leur assigne une toute nouvelle répartition. Ce sont deux opérations distinctes dont l'une est inséparable de l'autre, mais qu'il ne faut pas confondre. Un arpenteur en sait assez pour tracer sur le terrain une division par coupes ; mais un aménagement exige, de la part de celui qui en est chargé, une éducation toute spéciale à laquelle rien ne peut suppléer, *une éducation dont la protection et dont les faveurs du pouvoir ne sauraient tenir lieu dans aucun cas.* Sous des dénominations différentes, on ne fait que suivre machinalement les sentiers battus. Malgré les merveilles de la civilisation, malgré la marche victorieuse du siècle, les vieilles habitudes prévalent encore contre l'autorité des lumières et de la raison.

15. — Quand parut l'ordonnance de 1669, il y avait, en France, un total général de *huit millions d'arpens de bois*, de toutes espèces et tréfonds. A cette époque reculée, les bois appartenant à la couronne ne produisaient pas plus de *quatre cent soixante mille francs de revenu net.* Depuis lors, et

notamment depuis la loi de 1791, qui laissa les pro-
priétaires libres de disposer de leurs bois, et même
de les défricher, notre territoire forestier s'est étran-
gement amoindri. En effet, en 1794, il n'était plus
que de *six millions trois cent mille arpens*. Sur cette
masse, trois millions d'arpens appartiennent à des
tréfonciers divers : il n'y avait donc alors que trois
millions trois cent mille arpens dont le produit fut
versé au trésor. Ces 3,300,000 arpens se com-
posaient alors, savoir :

Des anciennes forêts du roi.	1,000,000	Même total
Des anciens bois des princes.	500,000	3,300,000,000
Des anciens bois ecclésiastiques.	1,800,000	arpens.

C'est, du moins, ce qui résulte des évaluations
officielles du comité des domaines et bois de *la con-
vention*. Toutefois le ministre des finances, dans son
compte rendu des exercices de l'an IX et de l'an X,
(1800 et 1801) évalue la masse des bois à 2,500,000
hectares qui équivalent à 4,875,000 arpens. (*).

(*) Sans doute, il faut attribuer aux agrandissemens de territoire
que la France reçut, dans le temps des conquêtes de Napoléon,
la différence 1,575,000 arpens qui se trouve entre l'évaluation
de 1794, et la même évaluation en 1800-1801. Mais quoiqu'il en
soit de l'influence de ces ruineuses conquêtes, on ne saurait se
dissimuler combien sont équivoques et précaires les notions que
l'on possède à cet égard.

Plus d'une fois on a fait le mesurage des bois du royaume,
mais toujours ce travail a manqué d'ensemble. Les plans qu'on a
levés étaient-ils exacts? y trouve-t-on les accessoires, les docu-

16. — Nous ferons remarquer en passant, qu'en 1766, le produit annuel des bois du roi n'était que de quatre à cinq millions.

17. — En 1790, (24 ans plus tard) il était porté à plus de sept millions, malgré des défrichemens et des échanges opérés intermédiairement ; malgré la distraction des apanages du *Comte de Provence* et du *Comte d'Artois*, qui comprenaient, ensemble, plus de 180,000 arpens.

18. — En ce qui touche l'augmentation du prix marchand des bois, elle a suivi la progression ci-après. La voie de Paris (elle est de 56 pieds cubes),

---

mens, les annotations d'où l'on put déduire le mode d'administration le plus convenable, et le mieux approprié à la qualité du sol ?

Plus d'une fois, enfin, l'on a mis la main à l'œuvre pour procéder au recensement général des bois de la couronne, des princes, des grands seigneurs, du clergé, etc., etc. ; mais sur quoi reposait la fidélité de ces recensemens ? ont-ils été assez complets, assez lumineux pour que jamais on en ait pu conclure dans quel rapport la matière consommable-disponible se trouve avec les besoins de la consommation ?

Avec des instrumens tels que sont les siens, instrumens habituellement disparates, et mal assortis aux exigeances du service, tant avant que depuis la révolution de 1789, le gouvernement n'a jamais pu voir la situation forestière du pays autrement que sous un angle infidèle et mal observé ; tellement qu'aujourd'hui le dividende annuel de chacun des regnicoles est au-dessous de neuf pieds cubes, ainsi que l'autorité des chiffres le démontrera plus loin.

y fut augmentée de *cinquante sous*, en 1783, et de *trois livres*, en 1784. La même mesure y était vendue 24 *livres* 1 *sou*, en 1795. A partir de cette dernière époque, elle s'est rapidement élevée au prix de 32 *livres* 11 *sous*.

19. — En 1803, enfin, le revenu forestier monta à plus de 30,000,000, selon la déclaration officielle du ministère des finances. Il faut dire qu'à cette époque, les départemens de *l'Ourthe*, de *la Dyle*, de *l'Escaut*, des *deux Nèthes*, de *la Sarre*, de *la Roer*, et d'autres encore, tous richement boisés, avaient été réunis à la France dont ils ne faisaient pas partie en 1790, et dont ils ont été distraits à partir de la restauration : mais il reste vrai que, dans un intervalle de vingt-quatre ans, la progressive augmentation du prix du bois a été dans le rapport de *quatre et demi à sept*, tandis que la dépopulation foncière de l'espèce est annuellement de 13,223 hectares, et qu'il en résulte, par chaque exercice, *un déficit de* 6,545,385 *francs dans les revenus de l'état*, ainsi que cela est péremptoirement démontré dans notre *examen analytique des causes du dépérissement des bois*.

20. — Au plan si habilement conçu en 1826, par M. *Bonard*, pour l'approvisionnement en bois de construction de nos chantiers maritimes, on a opposé que l'adoption des moyens proposés par cet

(14)

honorable et savant ingénieur, imposerait au gou-
vernement la privation prolongée de trois à quatre
millions de son revenu. Quoi ! le gouvernement
recule devant une dépense de 3, à 4,000,000 *quand
il s'agit de l'honneur du pavillon Français*, et néan-
moins il se perpétue nonchalamment dans le déficit
annuel de 6,545,385 francs que nous venons de
signaler ! N'est-il pas inouï que l'on glisse légère-
ment sur un aussi déplorable état de choses, dans
de mauvais jours où le besoin de patriotisme, de
franchise et *d'économie bien entendue* se fait si puis-
samment sentir ? (*) Espérons que *Sa Majesté*
Louis-Philippe, ne sommeillera point au bord du
précipice : croyons qu'elle ne manquera ni à ses
propres lumières, ni aux besoins de son temps,

(*) Nous disons *économie bien entendue* parceque, dans l'espèce,
ou se fait honneur d'économies qui n'en sont pas, ou plutôt qui
ne sont que ruineuses pour la chose. Par exemple : dans un
rapport fait au roi, sur le réglement définitif des budgets de
1815, 1816, 1817, et la notification provisoire de celui de 1818,
rapport qui fut distribué *aux chambres*, on voit que les dépenses
de l'administration des bois et forêts qui, en 1816, ont été de
3,914,924 fr., n'ont été, en 1817, que de 3,630,389 fr. ; qu'en 1818,
elles ont été réduites à 3,000,000 ; et qu'en 1819, elles ne dépasse-
raient pas 2,770,200 francs ; en sorte qu'en quatre années, la
diminution sur cette nature de dépense, a été de 1,144,724 francs.
Cela veut dire, en d'autres termes, que, dans chacune de ces quatre
années, l'administration forestière a fait pour 286,181 francs de ce
qu'elle qualifie *d'économies*, au lieu de les employer à faire des
repeuplemens dont il serait si urgent de s'occuper afin de reparer

et qu'une complette réorganisation forestière sera aussi un des bienfaits de son règne.

21. — S'il est vrai que les bois doivent être regardés comme le patrimoine de l'état, à cause de leur universelle utilité, il est vrai aussi qu'une forêt n'est souvent qu'un assemblage de bois dont plusieurs individus sont propriétaires. De ces deux points de vue jaillissent des intérêts différens qu'il faut savoir concilier entre-eux. Si l'on use des grands bois pour les besoins du présent, il faut en préparer de loin pour ceux qui viendront après nous. D'un autre côté, les propriétaires aiment à jouir. Des motifs tirés de la nature de leurs bois, comme de la qualité du terrain qui les porte, peuvent les exclure accidentellement du cercle d'une loi générale. Il faut donc que ceux qui sont appelés au maniement des forêts ayent beaucoup vu et beaucoup observé. Il faut qu'ils sachent ne point outrer les réglemens : ils doivent bien connaître la marche de la nature, afin de faire exécuter l'esprit plutôt que la lettre de la loi. Cela est d'autant plus essen-

---

nos pertes journalières et non interrompues. Voilà justement ce qui s'appelle tirer avantage de *laisser crouler sa maison faute d'y faire les réparations indispensables !* Il faut avouer que nos *forestiers en chef*, avec les plus louables intentions du monde, ont bien peu la conscience de leur mission, et le sentiment de la tâche qu'elle leur impose !

tiel que la conservation de l'espèce , ainsi que le ménagement des fonds , dépendent surtout de la fixation de l'âge et du temps de la coupe. La coupe est un moyen de rajeunissement ; c'est pour les bois, un moyen de perpétuité qui exige une grande finesse de tact. Cette partie de la science peut , à certains égards, être soumise aux lois du calcul , ou , du moins, d'une approximation à-peu-près équivalente. Nous en parlerons en décrivant la marche de la végétation et la théorie de l'accroissement des bois.

22. — Dans l'état de dégénéressence où sont tombées les forêts du royaume , il est important de fixer un œil perscrutateur sur ce qui nous en reste. Leur conservation journalière et purement extérieure n'est qu'un accessoire au grand objet de leur sort essentiel et capital. La destruction par la cognée du délinquant n'est que fort peu de chose auprès du dommage, quelquefois irréparable, causé par les abroutissemens , par l'excès d'âge , souvent par les gelées, et presque toujours par la réserve des baliveaux sur taillis. Telles sont les principales causes occasionnelles de la détérioration des forêts. L'excès d'âge, surtout, est l'effet consécutif dès *à-peu près* , de l'incohérence , et des tatonnemens qui ont, jusqu'ici , *tenu lieu de la règle et des principes qui ne sont pas encore posés.* Quel peut être l'avenir d'un malade balotté entre l'avis conjectural et divergent du *médecin tant pis* , et du *médecin tant*

mieux ? Quant à la surveillance extérieure propre-
ment dite, il faut ne pas prendre le change sur le
service journalier des gardes. Le plus souvent,
lorsque ceux-ci sont paresseux, ils affectent de faire
beaucoup de procès-verbaux afin de couvrir leur
indolence d'un vernis de zèle et d'activité : mais *un
bon garde* qui se montre souvent, en fait peu, parce-
qne sa présence décourage les délinquants et les
éloigne. Nous parlerons plus loin des graves dom-
mages causés par la dent des bestiaux.

CHAPITRE II.

DES ARBRES FORESTIERS (*).

23. — Les arbres forestiers qui dominent en France sont ; *le chêne, l'orme, le charme, le hêtre, le frêne, le bouleau, le châtaignier* et *les espèces résineuses.*

24. — Avant de parler de ces différentes sortes, nous croyons devoir signaler aux propriétaires ruraux la belle et importante découverte de M. *de Perthuis.* Ce savant agronôme est parvenu à maîtriser, à diriger, **P. A. D.** la sève des plus grands arbres. Il a trouvé le moyen de les préserver des difformités qui en font souvent du bois de chauffage, au lieu d'en faire de belles pièces de service. — « Je » ne parle point ici, dit il, d'expériences faites en » petit. J'ai formé, par ma méthode, plus de trois » mille pieds d'arbres, en chênes, en ormes et en » frênes qui, tous présentent des tiges nettes, et » bien proportionnées à leur hauteur. »

(*) C'est sur des renseignemens pleins d'obligeance qu'a bien voulu nous procurer M. Allard, propriétaire, et adjoint à la mairie de Pont-Lieue, que sont appuyées nos citations sur les départemens *de la Mayenne et de la Sarthe.*

25. — Quoique l'on puisse compter plus de *vingt espèces de chênes*, elles se réduisent toutes à deux principales qui sont le *chêne à gros glands* et le chêne à *petits glands*. Dans la première espèce, le gland n'est qu'un à un, ou, tout au plus, deux à deux sur la même branche. L'écorce du chêne à gros gland est blanche et lisse. La seconde espèce, porte ses glands par trochets de trois, quatre, ou cinq ensemble. Le bois en est plus coloré que celui du chêne à gros glands ; la feuille en est plus petite et l'accroissement plus lent.

Dans les terrains maigres, ou peu profonds, on ne trouve que des chênes à petits glands, tandis que l'on ne rencontre guère que du chêne à gros glands dans les bons fonds de terre. Par exemple, si l'on sème un mélange de gros et et de petits glands dans un terrain composé de bonnes et de mauvaises veines, le petit gland poussera spontanément dans la mauvaise terre ; mais le gros gland ne se développera que dans la meilleure. Le bois de cette espèce de chêne ressemble si fort à celui du *châtaignier*, par sa texture, et par sa couleur, que l'on prend communément pour bois de châtaignier la charpente de nos anciennes églises, même dans les provinces où l'on ne voit point cette espèce d'arbre. *Buffon* dit avoir reconnu que ce prétendu châtaignier n'était que du chêne à gros gland, autrefois très-commun. On ne saurait voir de charpente plus admirablement belle, ni mieux conditionnée que celle du château de la Ville-Basse, à *Joinville*. Les réparations et les distributions nouvelles qu'en 1788, le comte *de la Touche*, alors chancellier de la *maison d'Orléans*, nous chargea d'y faire exécuter, nous ont donné lieu de penser qu'elles sont en chênes à gros glands, encore bien qu'elles soient généralement réputées comme étant de châtaignier.

26. — C'est dans la proportion du double au simple que le chêne à gros glands a constamment plus de cœur et moins d'aubier que le chêne à petits glands. Si le premier n'a qu'un pouce d'aubier sur huit pouces de cœur, le second n'aura que sept pouces de cœur sur deux pouces d'aubier, et ainsi de suite de toutes les autres mesures. A cause de l'élasticité du chêne à gros glands, le trou de balle ou de boulet s'y rétrécit d'un tiers, et audelà, de plus que dans le chêne commun. Cette considération fait que le chêne à gros glands est recherché, et employé de préférence dans la construction des navires. En général, plus les chênes croissent vite, et de meilleur service ils sont, à grosseur égale. Leur tissu est plus ferme, plus compacte, et plus nerveux que celui des chênes qui croissent lentement, et dont la venue est laborieuse.

27. — M. *Juge-Saint-Martin*, dans son *Traité de la culture du chêne*, pense qu'il est beaucoup

plus avantageux d'obtenir cet arbre par le semis à demeure que par la transplantation. — » Le chêne » semé et né en terrain gras, prendra trois pieds » de tour en trente ans, *dit-il* ; à partir de cet âge, » il croîtra plus vite encore, et fera les plus grands » progrès jusqu'à l'âge de quarante ans. Au lieu » que des chênes que l'on plante à l'âge de dix ans, » environ, n'auront pas communément trois pieds » de tour au bout de trente ans, à partir de leur » plantation ; et leur accroissement subira plus ou » moins de lenteurs inévitables jusqu'à ce que leurs » racines se soient suffisamment étendues. »

28. — *L'orme* demande un terrain plat, découvert, bas et aqueux. Il se plait dans les lames noires et humides, dans les glaises mêlées de limon, dans les terres douces, fertiles et pénétrables où le paturage est bon, et particulièrement le long des chemins, ruisseaux et rivières. Il prend peu de profondeur de terrain. Il croît lentement dans la glaise, ainsi que dans les terres trop fortes, et trop compactes. Il faut autant de temps, et deux fois plus de travail, pour l'obtenir de boutures que pour l'obtenir de semence. Le meilleur est celui qui croît dans la glaise, malgré la lenteur qu'y éprouve son accroissement. Celui qui provient d'un terrain graveleux est cassant. Il faut le tenir submergé pour empêcher qu'il ne se déjète et qu'il ne se tourmente.

29. — *Le charme* vient plus épais et plus serré que le chêne, mais il croît beaucoup plus lentement. Il se couronne trop tôt pour qu'on puisse l'élever en futaie. Les naturalistes estiment que, pour en obtenir le plus grand profit, il faut le couper à quinze ans ; son bois est blanc ; il est cassant, et ne peut se fendre. Exposé à l'air, quand il est abattu, il se pourrit en six ans. Il est d'un *chauffer vif*, et fort agréable. On en fait du charbon de qualité parfaite. Il produit beaucoup de graines très légères, et qui sont le jouet des vents.

30. — *Le frêne* demande une terre légère et limoneuse, mêlée de sable et traversée par des eaux courantes. Il peut croître depuis le fonds des vallées jusqu'au sommet des montagnes, pourvu qu'il y ait de l'humidité, et de l'écoulement. Il se plaît, surtout, dans les gorges sombres des collines exposées au nord. On le voit, pourtant parfois, réussir dans la glaise, et même dans la marne, si le sol a de pente. On le voit venir aussi dans les terres caillouteuses et graveleuses, ainsi que dans les crevasses des rochers si, dans tous les cas, il y a de l'humidité. Il ne prend que peu de profondeur, attendu que ses racines s'étendent à fleur de terre ; mais il craint les terres fortes, ainsi que la glaise dure et séche. Il se refuse absolument aux terrains secs et trop pauvres, ainsi qu'aux coteaux exposé au midi ; ses

graines ne lèvent qu'à la seconde année; si, pourtant, on les sème en automne, et de très bonne heure, peut-être le printemps suivant verra-t-il paraître quelques tiges naissantes; mais il y a peu à compter sur du plan avant la deuxième année. Les carossiers de la capitale recherchent avec empressement les beaux et bons frênes qui se trouvent en abondance dans le *buisson de Briou* (*).

31. — *Le hêtre* est prompt dans son accroissement. Il se plait sur le penchant des coteaux; il vient dans les terrains médiocres; son plant réussit mal : il faut que sa faîne (c'est ainsi que l'on nomme sa graine) soit semée. Il est trop cassant, et trop accessible à la piqûre du ver, pour être employé en charpente. Néanmoins, dans *la Mayenne*, on en fait des jantes de roues tout aussi résistantes, et d'une aussi longue durée que les jantes en orme. Mais le hêtre, pour devenir propre à cet emploi, doit subir une préalable et longue immersion. Cette préparation le rend inaccessible au ver. Plus longtemps il reste au fond de l'eau, meilleur et plus

---

(*) Bouquet de 1200 arpens , situé sur la rive sud de la Loire, vis-à-vis la *côte de Guignes* si célèbre par la rare qualité de son vin exquis. Ce bois d'une admirable fécondité appartient à la maison d'Orléans. Nous avons réglé, en 1785, l'ordre de ses coupes, et nous avons ouvert les routes dont il est percé. Les herborisateurs y sont attirés de fort loin par la beauté du lieu, comme par la recherche des plantes qui y abondent, notamment *le fritillaire*.

solide il devient. Il faut qu'il y séjourne de quatre à cinq ans, au moins, pour être d'un bon *user*. Les menuisiers, les tourneurs, les layetiers et les sabotiers en font usage. On en fait du bârillage pour l'encaissement des farines, des sucres, des sirops-mêlasses, et des harengs : on en fait des pelles et des atelles de colliers, ainsi que des gamelles et cuillers de bois. Enfin, son usage est tellement étendu que l'on tire des moules de boutons de ses moindres fragmens. C'est le bois le plus agréable à bruler. Une fois abattu, il repousse rarement, mais il se reproduit aisément par sa graine. Elle est oléagineuse, et son huile est fort estimée pour les fritures. On la connaît, dans le commerce, sous le nom d'huile de faine.

32. — *Le châtaignier* affecte des terrains particuliers. Il ne croît point, ou il vient mal dans les terrains dont le fonds est de matière calcaire. On en fait du cercle fort estimé.

Le châtaignier peut être considéré sous deux points de vue; dans son état naturel, et dans son état de culture. Envisagé sous le premier aspect, cet arbre qui n'a pas d'aubier, et qui redoute peu les atteintes du ver, présente le double avantage d'être utilement employé en charpente, et de produire des fruits d'une médiocre qualité. On en fait aussi de la latte recherchée par les plafonneurs.

Considéré dans son état de culture, c'est-à-dire quand il a été *greffé en fente*, il prend le nom *de maronier*. C'est alors que par la qualité comme par l'abondance de ses fruits, il dédommage, avec usure, son propriétaire, du tort qu'à pu faire à son champ l'ombre malfaisante de cet arbre.

Le département de la Sarthe exporte, année commune, pour trois ou quatre cent mille francs de marrons et de châtaignes.

33. — *Le bouleau*, quant à sa hauteur, est regardé par les naturalistes comme n'étant que du troisième ordre. Il vient dans les fonds maigres et crétacés; on en voit même de très beaux dans les fentes des rochers. Sa graine qui se multiplie à l'infini germe aisément. Il est fort employé par les sabotiers. A l'âge de dix ans, on le convertit en cercles pour relier les tonneaux ordinaires : quand il est plus âgé, l'on en fait du cercle pour les cuves. Il est propre à chauffer les fours à pains, et ceux à plâtre. Si, dans le temps de la sève, on le perfore à une certaine profondeur, il en découle un suc que l'on dit être lithontriptique. C'est un cosmétique contre les taches de la peau. Ce suc est, d'ailleurs, raffraichissant, et agréable au goût.

34. — Dans plusieurs contrées de la France, on cultive avec succès les espèces désignées sous le nom générique *d'arbres résineux*.

Le *pin maritime* s'exploite avec avantage, à 40, 50 et 60 ans, mais ce conifère ne comporte pas de grandes dimensions.

Le *pin sauvage*, le *pin de Riga*, et le *mélèze* s'exploitent à 80, 100 et 120 ans, âges auxquels ils ont acquis les plus belles proportions qu'ils puissent atteindre.

35.—Les arbres verds s'exploitent par *éclaircies*.

36. — On éclaircit les semis de *pins maritimes* à l'âge de sept à huit ans, et l'on répète l'opération de dix en dix ans. Quand au *pin sauvage*, et autres espèces résineuses, on ne commence à les éclaircir qu'à l'âge de trente à quarante ans. On répète les éclaircies de vingt en vingt ans, jusqu'à l'âge de la coupe définitive qui se fait à cent vingt ans.

37. — Rien n'est plus variable que la quantité de tiges qui se trouve, par hectare, à un âge donné. Cependant les observations faites dans les forêts de *pins sauvages* bien fournies, bien entretenues, situées en bon fonds, et exploitées suivant la *méthode des éclaircies*, établissent qu'on y trouve, par hectare, les quantités suivantes, savoir :

Après la 1re éclaircie, de 30 à 40 ans, on compte de 4 à 5,000 tiges :

Après l'éclaircie qui se fait à 60 ans, on en compte de 1,500 à 2,000 :

Après l'éclaircie qui se fait à 80 ans, on en compte de 800 à 1,000.

Après celle qui se fait à 100 ans, on en compte
de 6 à 800 qui demeurent debout jusqu'à 120 ans
d'âge.

38. — Enfin, des expériences faites avec soin ont
constaté que, dans une forêt de *pins sauvages*, telle
que celle dont nous venons de parler, chaque coupe
par éclaircie, et la coupe définitive, fournissent,
par hectare, les quantités suivantes :

1re éclaircie de 30 à 40 ans.		375 pieds cubes.
2^e	60	2,812
3^e	80-90	6,750
4e coupe définit. à 120		27,000

Produit total en 120 ans   36,937. — Ce qui
donne pour terme moyen 308 pieds cubes *par hec-
tares, et par année.* Au-delà de ce produit, on
retire encore, de la même surface, environ 230 voi-
tures de fagots, pendant la période de 120 ans (*).

39. — Les forêts d'arbres résineux produisent
généralement une fois plus de bois que celles qui

(*) Ce que nous venons de dire, concernant l'exploitation des
arbres verts, est puisé dans un rapport fait à la société royale
et centrale d'agriculture, séance du 2 août 1826, par M. *Héricart
de Thury,* au nom de la commission chargée d'examiner le projet
conçu par M. *Achille de Jouffroy*, de défricher, et de planter en
arbres résineux, les landes et bruyères des départemens *de la
Bretagne.* Ce rapport est savamment et méthodiquement traité,
comme l'est toujours ce qui émane de ce foyer de lumières, et
des connaissances agricoles en tous genres.

se composent d'arbres à feuilles. Le produit de ces dernières, pendant 120 ans, n'est que d'environ 17,580 pieds cubes, par hectare. Les produits en argent sont aussi plus considérables pour les forêts de pins sauvages que pour les autres forêts. Ils sont dans le rapport de *huit à cinq*, selon ce qu'assurent quelques praticiens.

40. — Au sujet de la culture des conifères, de leur aménagement, de leur exploitation, et des divers emplois de leur bois, feu M. *de la Marre* a publié, en 1820, un mémoire riche de citations puisées dans *Buffon*; — *Duhamel-Dumonceau*; — *De Perthuis*; — *Varenne de Fenille*; — *Juge de Saint-Martin*; — *Tschudi*; — *Lintz*; — *Bosc*, de *l'Institut*; — *Burgsdorf*; — *Datty*; — *Dralet*; *Hartig*, *etc.*, *etc.* Ce mémoire est terminé par la conclusion que voici textuellement rapportée.

» La création des bois et forêts de *pins*, ainsi que » le repeuplement ou la restauration de nos bois et » forêts actuels, à l'aide de cette essence, présen-» tent de nombreux avantages :

» 1° Leur culture est plus facile que celle de » toutes les autres espèces de bois, tant résineuses » que feuillues ;

» 2° Elle est moins dispendieuse ;

» 3° Elle utilise des terrains impropres à toute autre production ;

» 4° Elle donne , surtout l'espèce maritime , des
» produits bruts et des produits nets beaucoup plus
» hâtivement que toutes les autres essences de bois ,
» tellement que le créateur des bois et forêts de
» *pins* peut se flatter d'en jouir personnellement ,
» dans toute l'étendue de leurs avantages pécu-
» niaires ,*et qu'il peut rentrer dans les avances que
» cette création exige , beaucoup plutôt qu'il ne le
» pourrait dans toutes autres essences de bois ;

» 5° Les *pins* sont dans le cas de donner des
» produits en matière , par conséquent des produits
» bruts, des produits nets, et des valeurs de tra-
» vaux en bien plus grande quantité que toutes les
» autres essences de bois , et particulièrement plus
» que les bois feuillus ;

» 6° Ils peuvent , plus que quelqu'autre espèce
» que ce soit , procurer l'abondance en bois , et
» prévenir soit l'insuffisance , soit même la disette
» dont un grand nombre d'opinions menacent de-
» puis long-temps les générations à venir (chose
» qui est constante , dès à présent , sur quelques
» points et pour quelques localités);

» 7° Ils offrent à haut degré les moyens de salu-
» brifier l'air, de regarnir promptement les monta-
» gnes déboisées, de rétablir la régularité des sai-
» sons, ou au moins d'en diminuer les irrégularités
» et l'effet des changemens atmosphériques qui sont
» remarqués dans les climats divers de la France ;

» de prévenir l'effet du trop prompt abaissement
» des montagnes , les ravages des eaux , etc., etc.

» Les *pins*, mieux et plus promptement que
» toutes les autres essences de bois, peuvent salu-
» brifier l'air , parce que les arbres futaies sont
» éminemment salubrifians, et parce que leurs
» émanations balzamiques sont singulièrement favo-
» rables à la santé de l'homme. Ils ont d'ailleurs ,
» comme toutes les autres essences à feuilles per-
» sistantes, un avantage particulier sur les bois
» feuillus , sous le rapport de la salubrité , en ce
» qu'ils sont en végétation plus ou moins active à
» peu près toute l'année , au lieu que les essences
» feuillues n'y sont qu'à peu près moitié , de ma-
» nière qu'à cet égard l'avantage est en faveur des
» *pins* presque comme deux sont à un (*). »

41. — La première idée des *éclaircies* appartient
à la France. *Buffon* et *Duhamel* l'ont indiquée.

(*) Sur beaucoup de points du département de la *Sarthe*, on
bâtit avec le bois de sapin que l'on y recueille ; mais, on néglige
de lui faire subir une préalable immersion nécessaire pour en
resserrer la porosité, pour le rendre sensiblement plus fort, et
pour le préserver de la piqûre du ver. On sait aussi, dans ce dé-
partement, tirer parti des *pommes de pin* que l'on expose soit au
soleil, soit à la chaleur du four, afin de les dilater. On en fait,
par cette préparation, une matière combustible d'un *chauffer* fort
agréable. *La Sologne* semble avoir négligé, jusqu'ici, cette branche
d'industrie qui pourrait lui être d'autant plus utile qu'elle n'exige
que du travail sans mise de fonds.

Elle est, d'ailleurs, consignée dans l'ouvrage de M. de *Perthuis*, sur l'aménagement des bois et forêts, publié antérieurement à l'ouvrage d'*Hartig;* mais elle a été largement développée et perfectionnée par ce célèbre grand-maître des *forêts de Wurtemberg*. Elle consiste à couper, dans des périodes opportunes, ce qui se trouve de bois superflu, et capable de nuire à la croissance des plus beaux brins.

42. — » Les conservateurs et autres agens fo-
» restiers reconnaissent que cette méthode, dite
» *Méthode allemande*, peut très-bien s'appliquer
» aux forêts du royaume, et que, tout au plus, elle
» aurait à y subir de légères modifications dans
» quelques localités. » Dit le traducteur d'*Hartig*.

43. — A cet égard, nous ferons observer : 1° que les meilleures méthodes d'exploitation sont soumises à des exceptions puisées dans la nature du sol, sous le rapport de la fixation des âges : 2° que *la Méthode allemande*, précisément parce qu'elle est fort ingénieuse, et tout-à-fait selon la nature, ne portera ses fruits en France que dans les proportions suivant lesquelles il y a, entre les deux pays, analogie de fécondité, et surtout *parité de savoir* entre les agens forestiers de l'un et de l'autre gouvernement : nous voulons dire que si les forestiers du *Wurtemberg* ont reçu une éducation spéciale, les

succès qu'ils savent obtenir pourront échapper à ceux des forestiers français qui n'ont pas reçu cette éducation préliminaire. Il faut, de toute nécessité, que, dans une branche de service quelconque, les hommes soient pourvus de la dose d'aptitude et de *savoir-faire* que réclame le poste auquel ils sont appelés : autrement, *ce serait vouloir servir une batterie avec des boulets qui ne sont pas de calibre.*

44. — Nous pensons, au reste, que la méthode des éclaircies s'appliquerait avec avantage aux surfaces boisées dont le sol est capable de produire des arbres comme on en voit dans les forêts de *Fontainebleau*, de *Saint-Germain*, de *Villers-Cotterets*, de *Blois*, de *Russy*, de *Boulogne*, et autres du même genre (*).

(*) Parmi les forêts sur l'état de situation desquelles nous fûmes successivement chargé de faire notre rapport, les plus heureusement disposées sont celles que la *maison d'Orléans* possède dans la *Haute-Marne*, notamment celles du *Der*, de *Marnesse*, du *Jard* et de *Joinville*. Elles étaient peuplées, en 1789, d'une foule de chênes magnifiques, et de la plus rare beauté. Convenablement espacés qu'ils étaient entre eux, ils formaient le plus harmonieux et le plus bel ensemble de futaies qui se puisse imaginer. Beaucoup de ces arbres portaient l'empreinte du marteau-forestier au chiffre des *ducs de Guise*. Le terrain sous-jacent est garni de taillis, essence de *tilleuls* qui servaient alors d'*affouages* aux forges à fer très-communes dans ces parages.

Sous le rapport de la fécondité du sol, et de la puissance de végétation, nous devons placer, dans la cathégorie des forêts que nous venons de désigner, celle de *Bruadan*, près *Romorantin* (Loir

CHAPITRE III.

RÉSUMÉ APHORISTIQUE, ET PAR ARTICLES DÉTACHÉS, DES EXPÉRIENCES
FAITES SUR DIVERS OBJETS QUI SE RATTACHENT TANT A LA CULTURE
DES BOIS, QU'A LEURS EMPLOIS ET QUALITÉS DIFFÉRENTES.

45. — Excepté le *chêne* qu'on peut semer dans presque tous les terrains, toutes les autres espèces

---

et Cher), appartenant aussi à la *maison d'Orléans*. Quand l'ordre nous fut donné de dresser l'état de situation de cette forêt qui contient 3,500 arpens, elle était dans un état sauvage, **P. A. D.**, et son revenu annuel était, à peine, de 12,000 livres. Nous la reconnûmes capables d'en produire *trente, bien aisément*, même sans étendre ses débouchés singulièrement restreints. Il doit se trouver, *dans les archives du Palais-Royal*, un mémoire que nous adressâmes au *marquis Ducrest*, alors *chancellier de la maison*. Ce mémoire expose les importantes améliorations qu'il est possible d'introduire dans cette forêt, au moyen d'un canal d'embranchement par lequel ses bois auraient pu se rendre à Paris. Ce canal dont nous fîmes, dans le temps, le devis et le détail estimatif, n'aurait pas, alors, coûté plus de 600,000 francs. Cette spéculation pouvait produire, *hic et nunc*, de 16 à 1,800,000 francs, sans préjudicier à une bonification de 3 à 400 pour % dans les revenus annuels. Mais, malgré l'influence de madame de Genlis, le *marquis Ducrest*, son frère, fut remplacé par le comte *de La Touche*, et le violent orage qui se faisait déjà pressentir ne permit pas à celui-ci de prendre l'objet en considération. L'établissement de ce canal n'aurait pu qu'enrichir beaucoup cette partie de la *Sologne*, en ouvrant de nouveaux débouchés à son commerce.

d'arbres veulent être semées en pepinières, pour être ensuite transplantées à l'âge de 2 ou 3 ans.

46. — La graine de *hêtre* ne réussit point dans une terre compacte, parce que sa capsule, repoussée au dehors, vient recouvrir sa tige naissante. Il lui faut donc une terre meuble et facile à diviser ; autrement elle pourrit.

47. — On doit éviter de mettre ensemble les arbres qui ne se conviennent pas. Le *chêne*, par exemple, craint le voisinage du *pin*, du *sapin*, du *hêtre*, et de toutes les espèces qui poussent de grosses racines dans la profondeur du sol. Le *chêne* qui pique en terre demande, pour assortiment, le *tremble*, le *tilleul*, le *marseau*, et en général les essences dont les racines courent et s'étendent à quelques pouces seulement de profondeur, sans pénétrer plus avant.

48. — Pour préserver de la gelée le gland qu'on destine aux plantations, le meilleur moyen est de l'enterrer. *Buffon* faisait établir une couche de gland de deux pouces d'épaisseur qu'il faisait recouvrir d'un demi-pied de terre, et successivement un lit de gland et un lit de terre. Le gland germe, la radicule se casse, mais cela ne nuit en rien au succès de la plantation. Des mannequins ou corbeilles servent à transporter le gland sur les lieux.

49. — Le même naturaliste faisait planter le gland un à un, et à un pied de distance les uns des

autres , sauf à ce que les pousses les plus vigoureuses prennent leur accroissement aux dépens des plus faibles. Mais en général, et sans préjudice des exceptions , il faut, dit-il, planter à 4 pieds de distance, pour un taillis qui doit être coupé de 15 à 18 ans. Si l'âge doit être réglé de 30 à 40 ans, il faut planter à 5 pieds de distance ; et plus, encore , si l'on veut avoir de la futaie. Nous dirons plutard que c'est la profondeur et la qualité du terrain qui doivent déterminer ces différens âges.

50. — On ne saurait imaginer, ajoute le savant observateur, combien les *mulots* sont destructeurs des nouvelles glandées. Ces petits quadrupèdes logent deux, trois, et quelquefois quatre ensemble dans un même trou. On trouve , dans leur retraite , un demi-boisseau, et jusqu'à un boisseau de gland. *Avec des piéges où j'avais mis pour amorce des noix grillées* , dit-il encore , *j'en ai détruit, en moins de trois semaines , plus de* 1,300 *qui , dans le mois de novembre , m'avaient déplanté une glandée de* 15 à 16 *arpens.* .

51. — *Buffon* voulant expérimenter qu'elles espèces de terres étaient plus ou moins récalcitrantes à l'œuvre de la végétation, a fait remplir six caisses , savoir : la 1re de glaise bleue ; la 2e de graviers gros comme des noisettes ; la 3e de glaise couleur d'oran-

ges ; la 4ᵉ d'argile blanche ; la 5ᵉ de sable blanc ; la 6ᵉ de fumier de vache bien pourri. Il a semé, dans chacune de ces caisses, un nombre égal de glands, de châtaignes, et de graines de frêne. Le tout a été abandonné à l'air, sans soins, sans culture et sans arrosement. La graine de frêne n'a levé dans aucune. le châtaignier a levé, et il a vécu, excepté dans la glaise bleue, et dans la glaise orangée. Le gland a levé dans toutes les caisses, excepté dans la glaise orangée qui n'a rien produit du tout. Les jeunes chênes levés dans la glaise bleue, et dans l'argile, quoiqu'un peu effilés au sommet, étaient forts et vigoureux en comparaison des autres. Ceux lévés dans le fumier pourri, dans le sable et dans le gravier, étaient faibles, jaunes et languissans : les racines répondaient à la tige. Les terres crêtacées sont reconnues pour être les moins propres de toutes à la végétation des bois; les terres glaiseuses, ensuite, et, par degrés, les composés de celles-là.

52. — Il est généralement parlant, beaucoup plus difficile de faire venir du bois dans les terres en train de labour que dans celles qui sont en friche. la difficulté s'accroît encore si ces terres ont été marnées, même anciennement.

53. — *Buffon* réduit à deux espèces tous les terrains : *les forts et les légers.*

54. — Si l'on veut semer en *terres légères*, séches

et mêlées de gravier, on doit faire labourer, mais il ne faut qu'un seul labour. On séme le gland, en suivant la charrue. Attendu que nous parlons ici de terrains secs et brulans, il faut ne pas arracher les herbes parasites que voit paraître l'été suivant. Ces herbes entretiennent une fraîcheur bienfaisante ; elles rendent moins vive l'action du soleil. Pendant l'hiver, elles servent d'abri ; elles protégent les racines contre la gelée. Il ne faut donc ni soins, ni culture dans ces sortes de terres. — » J'en ai semé un grand » nombre d'arpens dans un sol de huit pouces de » profondeur, au-dessous duquel il y avait des » pierres, des cailloux et du sable, dit *Buffon*, et » j'ai réussi au-delà de mes espérances. Les racines » divisent une telle terre sans difficulté ; les pluies » et la rosée la pénètrent facilement. » — Ces sortes de terres veulent être labourées et semées avant l'hiver. En effet, si l'on ne séme qu'au printemps, la chaleur du soleil fait périr les graines ; et si l'on s'abstenait de labourer, l'herbe qui compose le gazon de ces terres légères ne serait ni assez garnie, ni assez épaisse pour garantir les plans de la gelée en hiver, et du soleil en été.

55. — *Buffon* dit ailleurs. — » Il faut semer, ou » planter des épines et des buissons dans le champ » qu'on veut meubler de bois. Ces buissons rom- » pent les vents. Ils sont des abris protecteurs des » jeunes plants contre l'ardeur du soleil, et contre

» la rigueur des frimas. Un terrain à demi couvert
» de génièvres et de bruyères est un bois qu'il faut
» regarder comme étant à moitié fait, et qui a dix
» ans d'avance, peut-être, sur celui qui serait établi
» dans un terrain net et cultivé. »

56. — Il faut une pratique toute différente pour faire réussir un semis en *terre forte*. Un labour préliminaire est inutile et même nuisible. La meilleure méthode est de planter les glands, à la pioche, et sans culture préalable. Mais il ne faut pas les perdre de vue, ni les abandonner à eux-mêmes, comme on le fait des semis confiés à une terre légère. Il faut, pour ceux en terres fortes, observer la marche de leur accroissement. Il faut comparer la pousse de la seconde année à celle de la première ; celle de la troisième à celle de la seconde, et ainsi de suite. Tant que l'accroissement se soutient, il faut laisser agir la nature. Mais il arrivera très vraisemblablement que, vers la troisième année, l'accroissement restera stationnaire, et sera comme nul : ce repos spontané sera mieux marqué encore à la quatrième année. Alors il faudra *receper* la plantation au mois de mars ; ce sera sacrifier une année pour y gagner beaucoup : voici comment, et pourquoi. Dans les terres fortes, le sol trop compacte, et trop serré, fait refouler les racines sur elles-mêmes. Le sujet languit faute de nourriture ; les fonctions d'assimila-

tion demeurent suspendues, or, par l'effet du rece-
page, la séve isolée des conducteurs par lesquels
elle était ascendante, réagit de toute son action sur
les racines ; elle leur transmet la puissance de s'ou-
vrir de nouvelles routes ; elle leur donne la force de
pénétrer, de diviser cette terre que jusqu'alors elles
avaient vainement attaquée. Ainsi donc, plus la
terre sera compacte, plus il conviendra de receper
de quatre en quatre, ou de cinq en cinq ans, selon
que l'indiquera l'aspect des pousses.

57. — *Le recepage* est surtout nécessaire aux
plants, ainsi qu'aux bois qui ont été frappés de la
gelée. Cette opération convient également aux bour-
geons qui ont été broutés, et dépouillés par *les
lapins*, si, néanmoins, ces bourgeons ont deux ou
trois ans d'âge ; mais le recepage est superflu si les
plants abroutis sont à leur première pousse. Il arrive,
dans ce dernier cas, que les rejetons dépouillés
meurent ; mais il en reparaît d'autres plus vigoureux
que ne le seraient ceux repoussant sur les tiges
recepées. Il est opportun de recourir au recepage
jusqu'à deux, et même jusqu'à trois fois dans les
fonds épuisés par l'âge excessif des bois que l'on
vient d'y abattre. *Le charme, le frêne et le hêtre*
sont en danger de la dent des lapins jusqu'à 6, et
même jusqu'à 7 ans ; mais le *chéne* et les autres
espèces sont hors de ce danger au bout de deux ou
trois ans.

58. — Les terres fortes sont, à profondeur égale, plus propres à porter de vieux bois que ne sont les terres légères.

59. — » Dans les *terres fortes et pétrissables*, » *dit Buffon*, une profondeur de deux pieds et » demi peut fournir du bois de 5o ans d'âge : celui » de 7o ans demande trois pieds et demi de pro- » fondeur ; mais si l'on veut avoir du bois de cent » ans, il faut quatre pieds et demi de très-bonne » terre.

60. — » Dans les terres légères et sabloneuses, » il faut deux pieds et demi de profondeur pour » élever du bois de 4o ans ; il en faut trois pieds et » demi pour couper à 6o ans ; il en faut quatre » pieds et demi, et au-delà, pour ne couper qu'à » 8o ans. »

61. — Les arbres qui poussent vigoureusement en bois, ont rarement beaucoup de fruits.

62. — Le repeuplement par les glands qui abondent au pied des chênes se réduit à peu de chose, à cause du manque d'air, du dégouttement des arbres, de la gelée, etc., etc. Les baliveaux de brin viennent dans les clairières où ils sont semés par les *geais*, par *les mulots*, et autres accidens du même genre. C'est ainsi que dans un terrain planté par *Buffon*, cet ingénieux observateur eut soin de placer, de distance à autre, de petits buissons dont les oiseaux

n'ont pas manqué de s'emparer ; et selon qu'il l'avait bien prévu ces oiseaux ont garni les environs d'une quantité de jeunes chênes.

63. — Le bois (de même nature , bien entendu) qui , dans le même terrain , croît le plus vîte , est le plus fort ; *et vice versa.*

64. — La force du bois est proportionnelle à sa pesanteur. Ainsi , de deux pièces rigoureusement égales en dimensions, la plus forte sera la plus pesante.

65. — Un nœud , à la face inférieure , et surtout à une des arrêtes d'une poutre , peut diminuer d'un quart la force de cette pièce.

66. — Le bois , du centre à la circonférence, et du pied de l'arbre à son sommet, diminue de pesanteur en proportion arithmétique , à peu près.

67. — L'aubier des arbres est d'autant plus pesant , et d'autant plus dense que les arbres sont plus vieux.

68. — Selon *Galilée* , il est de règle fondamentale , *quant aux solides* , que la résistance est en raison inverse de la longueur, en raison directe de la largeur, et en raison doublée de la hauteur. Or cette règle n'est applicable , *dans toute sa rigueur,* qu'aux solides absolument inflexibles , et de consti-

tution à rompre tout-à-coup. Mais, en ce qui touche la rupture des corps élastiques, tels qu'une pièce de charpente, par exemple, *Bernouilli* a démontré qu'une partie des fibres s'allonge, tandis que l'autre se raccourcit en se refoulant sur elle-même.

69. — Dans les pièces d'égale grosseur, la règle de la résistance en raison inverse de la longueur, s'observe d'autant moins que les pièces sont plus courtes.

70. — On augmente singulièrement la solidité, la force, et la dureté du bois, en écorçant l'arbre, selon les lois du *magnétisme;* C. A. D. *de haut en bas*, dans le temps de la séve, avant de l'abattre. Ce procédé est recommandé par *Vitruve*, dans son *Traité des forêts. Evelin* dit, ainsi que le docteur *Plot*, dans son *histoire naturelle*, qu'autour de *Haffon, en Angleterre*, on écorce les gros arbres, durant la séve, pour ne les abattre que pendant l'hiver suivant. Ils vivent sans écorce; le bois en devient bien plus dur, et d'un bien meilleur service, tellement qu'on ne remarque presque pas de différence entre le cœur et l'aubier. *Buffon* a expérimenté maintefois que l'aubier du bois écorcé est essentiellement plus fort que le cœur du chêne non écorcé : il a remarqué aussi que la partie extérieure de l'aubier est toujours la meilleure et la plus consistante. Cela se conçoit sans peine si l'on envisage

que la séve destinée à augmenter le diamètre de l'arbre, se trouve, par le fait de l'écorcement, resserrée dans de plus étroites limites. C'est au dernier terme de ces limites que s'exerce son action ; c'est là qu'elle agit sur la porosité ; c'est là qu'elle se distribue au profit du tissu réticulaire à la pesanteur duquel elle ajoute nécessairement. Or il est d'expérience, et nous avons dit (§. 64) que le bois le plus pesant est aussi le meilleur et le plus fort.

71. — Les *pins*, les *sapins*, et les *conifères*, en général, quand ils sont écorcés, trois ou quatre ans, avant d'être abattus, gagnent beaucoup en valeur comme en beauté. L'écorcement les rend bien plus propres à la mâture des vaisseaux, de même que l'écorcement du chêne le rend singulièrement propre à leur construction.

72. — Il résulte de ce qui précède que l'aubier des arbres écorcés cesse d'appartenir à la classe des bois imparfaits. Par l'écorcement, il acquiert, dans le délai d'un an, ou deux tout au plus, la force, la perfection et la solidité que, selon la marche ordinaire, il n'aurait acquises qu'en douze à quinze ans. Ce dernier délai est nécessaire, même dans les meilleurs terrains, pour transformer l'aubier en bois parfait. Au moyen de l'écorcement donc, un arbre de 4o ans sera, *seulement quant à la solidité*, capable du même service, et de la même

résistance qu'un arbre de 60 ans non écorcé. Dans tout état de cause, au reste, l'arbre de 60 ans sera toujours plus gros que celui de 40, puisque, selon *Duhamel* et *Varennes de Fenille*, le diamètre du chêne augmente de deux lignes et demi, moyen terme, par chaque année.

73. — Il faut, pour écorcer les arbres, choisir le moment où la séve est dans son plus grand travail. En effet, tous les canaux sont alors mieux développés et plus ouverts ; la force de succion est plus active et plus intense. Les liquides circulent rapidement et sans obstacles ; les tubes capillaires sont dans toute leur puissance d'amour et d'attraction : nous dirions presque que c'est l'*heure du berger.* Ce que l'écorce prendrait pour son compte, dans ce grand mouvement vital, tourne au profit de l'aubier qui se trouve immédiatement en contact avec toutes les impressions vivifiantes de l'air extérieur.

74. — Quand, au contraire, on veut procéder à l'écorcement hors du concours de la révolution séveuse, la nature est comme endormie ; les effets que nous venons de décrire se développent mal, ou plutôt ils ne se développent point encore. Les liquides ne sont pas plus disposés à lubrifier les organes de la circulation que ceux-ci ne sont ouverts pour en recevoir l'influence : En un mot, l'écorce est adhérente au corps de l'arbre ; elle résiste à s'en séparer.

75. — On peut admettre, comme règle générale ¿ que tout bois , par son parfait desséchement , perd un tiers du poids qu'il avait au moment de son abattage.

76. — Ce n'est qu'au bout de 7 ans qu'un morceau de chêne a acquis sa siccité parfaite. Il est d'expérience qu'en 11 jours il est sec au quart : qu'en deux mois il est sec à moitié : qu'en dix mois il est sec aux trois quarts, et qu'enfin , sa siccité n'est complète qu'au bout de 7 ans. Ce qui précède, au surplus , ne doit s'entendre que d'une solive de 8 à 9 pouces ; mais il faudrait plus de 15 ans pour sécher parfaitement une pièce de 16 à 18 pouces d'équarrissage.

77. — Quand le bois est parvenu aux 2/3 de son desséchement , il redevient accessible à l'humidité de l'air. Il faut donc conserver, dans des magasins clos et couverts, le bois destiné aux ouvrages de menuiserie. L'augmentation de pesanteur que le bois sec acquiert, en repompant l'humidité de l'air , est proportionnelle à sa surface.

78. — La densité de l'aubier du chêne est à la densité du cœur de cet arbre comme 1 est à 15. L'imbibition de l'aubier de ce bois est aussi dans le rapport d'un à quinze avec l'imbibition du cœur, à volume égal.

79. — La dessication d'un morceau de bois dont la surface est double de celle d'un autre morceau, à volume égal d'ailleurs, se fait en deux ou trois fois moins de temps. — L'entier desséchement du bois égal en volume et triple en surface, s'opère en cinq ou six fois moins de temps.

80. — Le bois gardé dans son écorce avant d'être travaillé, aspire plus promptement et plus avidement l'humidité atmosphérique qu'il ne la prend lorsqu'il a été travaillé tout vert.

81. — Le bois, quand il est plongé dans l'eau, en prend, par imbibition, autant qu'il avait de séve, et un quart en sus. La différence en poids, de son parfait desséchement à sa complète imbibition, est dans le rapport de 3 à 5. En d'autres termes, un volume de bois qui ne pesera que 15 livres à l'état sec, en pesera 45 quand il aura séjourné dans l'eau pendant plusieurs années. Cela explique ce que nous avons dit du perfectionnement de qualité que le hêtre et le sapin reçoivent de leur imbibition.

82. Des expériences faites par *Buffon*, en 1751, 1752 et 1753, il résulte que le bois, lorsque son imbibition est entière et complète, subit, au fonds de l'eau, les vicissitudes atmosphériques. Il y est plus pesant, quand il pleut; il y est plus léger quand le temps est sec.

83. — Le bois plongé dans l'eau s'y imbibe bien plus promptement qu'il ne se dessèche à l'air. Selon *Buffon*, il ne lui faut que 12 jours pour reprendre, dans l'eau, la moitié de toute l'humidité qu'il avait perdue pendant sept années de desséchement.

84. — Le desséchement du bois n'en diminue pas sensiblement le volume. Celui de la sève est à celui des parties solides de l'arbre dans le rapport d'un à trois ; C. A. D. que celui-là est le tiers de celui-ci.

85. — De deux cubes de bois égaux entre-eux dont l'un est immergé dans l'eau douce, et dont l'autre est immergé dans l'eau salée, celui qui est plongé dans l'eau douce sera plus promptement imbibé que ne le sera celui qui est plongé dans l'eau salée.

TABLEAU

Qui exprime : 1.° ce que pèsent les pièces de 5 pouces d'équarrissage, depuis 7 jusqu'à 28 pieds de longueur ; 2.° le poids dont on les a chargées ; 3.° le temps qu'elles ont mis à se rompre ; 4.° leur courbure avant d'éclater.

LONGUEUR des pièces EN PIEDS.		POIDS des pièces EN LIVRES.	CHARGES en LIVRES.	Nombre des minutes depuis le premier éclat jusqu'à l'instant de la rupture.	FLÉCHE de la courbe AVANT D'ÉCLATER.	
					Pouces.	Lignes.
7	{	94	11775	58	2	6
		88 1/2	11275	53	2	6
8	{	104	9900	40	2	8
		102	9675	39	2	11
9	{	118	8400	28	3	»
		116	8325	28	3	3
		115	8200	26	3	6
10	{	132	7725	21	3	2
		130	7050	20	3	6
		128 1/2	7100	18	4	»
12	{	156	6050	30	5	6
		154	6100	30	5	9
14	{	178	5400	21	8	»
		176	5200	18	8	3
16	{	209	4425	17	8	1
		205	4275	15	8	2
18	{	232	3750	11	8	»
		231	3650	10	8	2
20	{	263	3275	10	8	10
		259	3175	8	10	»
22		281	2975	18	11	3
24	{	310	2200	16	11	»
		307	2125	15	13	6
28	{	364	1800	17	18	»
		360	1750	17	22	»

CHAPITRE IV.

DE L'INCENDIE DES BOIS, MOYENS D'EN ARRÊTER LES PROGRÈS, ET D'Y ÉTEINDRE LE FEU.

86. — On attribue l'incendie des bois à diverses causes. Les uns croient que la bourre d'un fusil, en portant quelques étincelles sur la bruyère, ou sur les feuilles mortes, peut mettre le feu par un temps sec. Il faut regarder de tels accidents comme fort rares, s'il est vrai qu'ils ayent eu lieu quelquefois.

D'autres pensent que les rayons du soleil, convergés sur un glaçon isolé, peuvent enflammer la bruyère. C'est ainsi qu'en 1763, on a vu, en Angleterre, un physicien enflammer du papier, du linge, et d'autres matières combustibles, à sept pieds de distance, avec une lentille en glace, ayant deux pieds neuf pouces de diamètre, et cinq pouces d'épaisseur.

D'autres attribuent ces sortes d'accidens au fluide électrique. (La bruyère, quand elle est bien sèche, est tellement inflammable, que cette conjecture peut bien ne pas être sans vraisemblance.) Dans la forêt d'Orléans, quelques contrées s'appellent encore

Brulis du tonnerre. En effet, lorsque l'équilibre est rompu, et lorsque l'atmosphère chargée positivement du fluide électrique, tend à se mettre en rapport avec la terre qui n'est chargée que négativement, la foudre peut frapper le réservoir commun sur un point garni de bruyères, ou même sur des arbres qu'elle brise, et qu'elle emflamme en même temps.

D'autres croyent, et peut-être avec raison, que des riverains intéressés à renouveler le pâturage de leurs bestiaux, mettent le feu à de vieilles bruyères d'où ils gagnent les bois contigus, soit par l'effet du vent, soit par l'imprévoyance des bruleurs.

D'autres, enfin, ont imaginé que les feux qu'allument les pâtres, dans la vue de se chauffer en gardant leurs bestiaux, occasionnent une grande partie des incendies (*). Quelle que soit, au reste, la cause de ces accidens, il faut une certaine intelligence, et surtout de la présence d'esprit pour choisir, parmi les moyens connus, celui qui est le plus propre à arrêter le feu, eu égard aux positions, et aux entours. Tel de ces moyens peut réussir dans une occasion qui ne réussira point dans une autre.

(*) Il est défendu de porter et allumer *feu* en quelque saison que ce soit, dans les forêts, landes, bruyères, tant du domaine que des particuliers, à peine de punition exemplaire, et d'amende (ordonnance de 166ϑ, titre 27, article 32).

Le concours des circonstances et du local doit en déterminer le choix.

87. — Le feu se communique rarement dans les bois dont le fonds est humide et gras. Presque toujours c'est dans les climats maigres et arides que se manifeste l'incendie, et qu'il se propage indéfiniment si les secours ne sont pas rapides, et bien concertés.

88. — Il y a plusieurs moyens d'arrêter les progrès des flammes. Le plus simple est de battre le feu avec de gros balais ajustés au bout de longues perches. Ce procédé, quelque commun qu'il paraisse, réussit souvent.

89. — Dans les incendies vifs et obstinés où ce moyen pourrait ne pas suffire, il faut préférer l'expédient des *contre-feux*. Etablir des contre-feux, c'est allumer des bruyères, et le bois, à quelque distance en avant du foyer de l'incendie, et parallèlement à la direction que lui imprime le vent. Le phénomène de l'attraction se développe entre ces deux feux parallèles. En se rapprochant l'un de l'autre, ils viennent se confondre dans un foyer intermédiaire, et s'y éteindre ensemble après avoir absorbé la colonne d'air qui se trouvait comprise entre-eux. Mais ce moyen est délicat à employer. Il exige de la prudence, de la méthode, et des notions

de physique qui ne se trouvent guères chez les rive-
rains que l'on appelle au secours (*).

90. — Aux deux expédiens que nous venons
d'indiquer, on peut avec un succès presque certain
joindre celui de la *solution de continuité*.

91. — La solution de continuité s'opère par une
assez large tranchée que l'on pratique en enlevant,
avec des bêches et des pioches, la superficie du
terrain, en retournant les gazons. Cette tranchée
oppose à la marche de l'incendie un surhaussement
de terre toute fraîche qui l'empêche de s'étendre au
delà. Cela s'explique de soi-même si l'on considère
que le feu, qui est ascensionnel de sa nature, pro-
cède toujours de bas en haut; qu'il ne se propage
jamais de haut en bas; et qu'il s'étend de proche en
proche en s'alimentant sur la superficie du sol, tant
que sa marche n'y rencontre pas l'obstacle insur-
montable d'une solution de continuité.

(*) Un arrêté du directoire exécutif, du 5 pluviose an 6
(25 déc. 1797) dispose que : » lorsqu'un incendie se manifestera
» dans la forêt d'Orléans, toutes les communes riveraines seront
» tenues, à la réquisition des gardes forestiers, de les aider à y
» porter secours, et arrêter le progrès du feu. »

CHAPITRE V.

DU DROIT DE PATURAGE DANS LES FORÊTS, ET DE SES INCONVÉNIENS.

92. — Nous avons annoncé (§. 22) quelques détails sur les graves conséquences du droit de pâturage ; nous allons aborder cette matière.

93. — Dans beaucoup de provinces, les riverains envoyent leurs bestiaux pacager dans les forêts. Des communes qui en sont limitrophes ont jadis obtenu des concessions qui établissent leurs droits à cet égard. Un arrêt du conseil du roi, du 22 octobre 1684, limite le nombre de ces bestiaux à *deux vaches et à quatre porcs, pour chaque ménage, sans égards, aucuns, à la qualité des personnes*, ce sont les termes de l'arrêt. Mais cet arrêt rendu trop tard n'a pas remédié au mal qui était fait par un arrêt antérieur, du 20 mai 1676 que nous ferons intervenir un peu plus loin.

94. — Lors des concessions de ces droits de pâturage, les forêts étaient immenses, et pleines de vie ; la population n'était, d'ailleurs, ni aussi nombreuse, ni aussi exigeante, à beaucoup près, qu'elle l'est devenue, surtout *depuis la découverte de la*

vaccine. Les villages et les établissemens ruraux n'avaient ni le nombre, ni l'étendue, ni l'importance qu'ils ont acquises depuis ces temps si reculés : sur telle métairie où l'on voyait autrefois de six à huit aumailles, on en compte aujourd'hui de trente à trente-six. Les encouragemens donnés avec raison aux prairies artificielles ont singulièrement concouru à cet accroissement d'animaux dont les seules forêts ont à souffrir sur beaucoup de points de localités.

95. — Quels que soient les motifs qui ont originairement déterminé à faire ces concessions, l'intention du donateur n'a pas été, elle n'a jamais pu être, d'introduire dans sa chose une cause de destruction plus ou moins prochaine. Mais, dira-t-on, l'échappée des bestiaux dans les *bois en defends,* constitue un délit prévu par la loi ; celui qui le commet est poursuivi devant les tribunaux. Poursuivi devant les tribunaux ! Qu'importe à la forêt mutilée ? La courageuse éloquence de *Voltaire* a-t-elle rendu *Calas* à sa famille éplorée ? Nous devons donc signaler ici la multiplicité sans bornes des bestiaux dont l'empiétement des colons, et dont l'indolence des officiers forestiers ont rendu nos bois tributaires. Les concessionnaires, au surplus, étaient soumis à des conditions qui n'ont point été remplies. Ils étaient astreints à déclarer le nombre et l'espèce de leurs bestiaux, avant d'user du bénéfice de la con-

cession. Ce nombre devait être réglé *par les fores-*
tiers , eu égard à la productibilité des fonds. Chaque
commune était tenue d'appliquer sa *marque particu-*
lière sur la cuisse des bestiaux de son ressort. Le
chemin , et la tournée desdits bestiaux devaient être
désignés , pour chaque commune , par les agens
locaux : aucune de ces conditions n'a été franche-
ment exécutée. Les désordres sans nombre qui s'en
suivent sont autant d'usurpations de la culture des
champs sur la culture des bois ; or, ces usurpations
ne cessent pas de s'étendre avec une tenacité scan-
daleuse. L'arrêté du directoire exécutif, du 5 ven-
démiaire an 6, a été impuissant pour réprimer un
désordre si profondément , et depuis si long-temps
enraciné.

96. — Cette cause particulière de destruction nous
ramène à notre pensée dominante qu'*un corps spé-*
cial d'ingénieurs est seul capable de restaurer nos
bois , et de les arracher au prochain anéantissement
auquel les abandonne une agence sans théorie ; une
agence qui prend pour *pratique des forêts* ce qui
n'est que le déplacement machinal des agens com-
missionnés. Dans un corps de génie , le travail mar-
che bien autrement qu'il ne peut marcher avec des
instrumens aussi mal choisis qu'ils le sont dans
notre service forestier. Il entre dans l'éducation et
dans les habitudes d'un ingénieur de prévoir tout ce

qui est accessible à la prévoyance humaine. L'*ingé-nieur* donc saura prévoir que, tôt ou tard, le gouvernement aura des mesures restrictives à prendre contre les abus du pâturage. L'*ingénieur* y préludera par le dénombrement des bestiaux de toutes espèces qui se trouvent dans chaque établissement usager des forêts de son ressort. Ces états de dénombrement seront annexés aux plans dont nous aurons à parler plus tard, pour y recourir, au besoin, comme pièces de comparaison entre le présent et l'avenir.

97. Nous parlons *ex professo* des graves inconvéniens attachés au droit de pacage, parce que nos longues opérations, et nos recherches scrupuleuses sur l'immense forêt d'Orléans nous ont revelé combien lui a été funeste la concession faite autrefois de 1035 arpens, en faveur de plusieurs paroisses, à titre de pâtures pour leurs bêtes à laine, et pour leurs bêtes aumailles. Le commissaire nommé par le roi, pour procéder à l'opération, était si peu entendu, *comme répartiteur, qu'il a concédé* 182 *arpens* 96 *perches, au-delà de ce qu'il y avait de terrain disponible.* Nous l'avons géométriquement démontré dans un travail *ad hoc*, et ce travail a été ultérieurement réuni à notre *Traité des aménagemens, publié* en 1789.

98. — En tant que versé dans l'agronomie forestière, on va voir qu'elle était la capacité du com-

missaire délégué par le pouvoir. Ce commissaire,
dans son avis, estime que » tant les paroisses qui
» ont des droits que celles qui n'en ont point, doi-
» vent avoir la liberté d'envoyer paître leurs bêtes
» aumailles par toute la forêt, *à quatre ans et un*
» *mai*, et les chevaux après *trois ans :* et qu'à
» l'égard des bêtes blanches, sa majesté pourrait
» leur donner des lieux marqués *pour en jouir à*
» *toujours*, en commun usage, sans payer aucun
» nouveau cens, ni redevance. »

Pour apprécier les conséquences de l'avis qu'on
vient de lire, et de sa désastreuse latitude, il faut
savoir que les quarante-huit paroisses à qui s'appli-
quaient ces concessions composaient de 6 à 7,000
feux. Elles possédaient de 17 à 18,000 bêtes au-
mailles; plus de 32,000 bêtes à laine; plus de
2,700 chevaux. Elles payaient 90,000 livres de
taille. Si tel était le dénombrement des bestiaux
en 1676, il a dû s'accroître, depuis, en raison de
ce que la population s'est augmentée, de ce que les
établissemens sont devenus plus nombreux, et de
l'extension qu'a reçue le commerce. Si donc le fisc
a gagné quelque chose par l'accroissement de l'im-
pôt, il l'a perdu au centuple par l'irréparable et
scandaleuse dévastation de la forêt.

99. Pourra-t-on croire que, dans une forêt si
maigre, et d'une végétation si laborieuse que l'est
celle d'Orléans dont nous parlons ici, on a livré à

la voracité d'une myriade de bestiaux des repousses de trois et de quatre ans? Pourra-t-on croire que, dans le siècle si vanté de Louis XIV, un avis aussi hautement réprouvé par le sens commun que celui ci-dessus relaté, a reçu son *exequatur* par arrêt du conseil du 20 mai 1676? reconnaissons donc que, sans avoir la clef des subdivisions, et des détails dont se compose un tout ensemble ; que sans tenir le fil qui empêche de se fourvoyer dans le vague indéfini des généralités ; que *sans avoir préalablement reçu une éducation appropriée aux devoirs à remplir*, il n'est pas possible de manier méthodiquement, et avec succès, une série d'affaires toutes de combinaisons et de calculs. Sur quelqu'argumens apologétiques que les agens forestiers, anciens et modernes, se puissent appuyer, ils ne prouveront jamais, *non jamais*, que les forêts du pays n'ont pas souffert, sous leurs yeux, et dans leurs mains, une dévastation, P. A. D. légale, avec une incroyable diminution de contenance. *L'ordre public veut que l'on veille à cela comme on veille à ce que le premier venu n'exerce pas la médecine, ou la pharmacie.*

100. — A l'appui de nos remontrances, jetons un coup d'œil sur les moyens récupérateurs que l'administration oppose à la pressante gravité du mal. *Mettons en présence le dédommagement et le dommage.*

101. — Antérieurement à la restauration, l'administration forestière rendit, au gouvernement de l'époque, le compte de sa gestion, ainsi que du budget de ses dépenses. Voici ce qui résultait de ce compte officiel.

102. — Dans une année, il avait été semé ou planté 1185 hectares. C'est assurément bien peu de chose, eu égard à la rapidité avec laquelle marche la dépopulation de l'espèce. Nous avons établi (*avant-propos*) que les forêts du royaume subissent une perte annuelle et foncière de 13,223 hectares : donc l'administration, en ne repeuplant que 1,185 hectares (encore les repeuple-t-elle tous les ans) reste, en dessous de 12,038 hectares par année.

103. — La même administration annonçait avoir concédé, pour un temps limité, 3,386 hectares, à la charge de les rendre ensemencés au terme de la jouissance. Or, tous les économistes savent que des marchés de la sorte fourmillent de difficultés ; que, lu plupart du temps, ils ne s'exécutent qu'au profit des preneurs ; et qu'enfin, dans l'espèce, la responsabilité de ceux-ci ne peut pas être mise en balance avec les besoins d'une nation populeuse dont les regnicoles sont, de l'heure qu'il est, réduits à *moins de neuf pieds cubes de bois par an*, pour chauffage, coction d'alimens, constructions nouvelles, et réparations de tous genres, ainsi que nous l'établirons ci-après.

104. — Cette administration disait avoir fait faire 2,710 hectares de recépages ! *dans la seule forêt d'Orléans*, il y en aurait à faire beaucoup plus que cela. Ils y sont commandés par une urgence que démontre à l'œil exercé le mauvais était de sa superficie.

105. — Elle annonçait, enfin, avoir aménagé 142,327 hectares. *Tant pis*, osons le dire, *tant pis*, car il est permis de croire que l'administration ne connaissait que par *à peu près* ce qui constitue un aménagement, *puisque la définition n'en avait pas encore été bien posée pour elle*. Cela est si vrai que l'instruction dans laquelle elle définit, *à sa manière*, ce qu'elle appelle un aménagement ne date que du 7 juillet 1824. — » L'expérience a » démontré, dit cette administration, que, pour ob- » tenir, tant des agens forestiers que des géomètres, » des travaux exacts et réguliers, il était nécessaire » de réunir dans un seul et même cadre les princi- » pes et les règles qu'ils ont à suivre : c'est l'objet » de la présente instruction, et des modèles de » plans et d'actes qui s'y trouvent annexés. » *Mieux vaut tard que point du tout*, sans doute ; mais quoiqu'il en soit du dessein manifesté par l'administration de *réunir dans un seul et même cadre les principes et les règles qui sont à suivre*, l'instruction précitée est fort loin de tenir ce qu'elle promet. On n'y voit briller ni la science des idées, ni la science

d'exécution. *En ce qui concerce les productions alimentaires*, l'industrie, la pratique et les perfectionnemens, même, sont au niveau de l'état des lumières; mais, *sous le rapport de la culture des bois, combien ne sommes-nous pas en arrière!* Les préposés d'aujourd'hui sont-ils mieux d'accord que ceux d'autrefois sur les principes, et sur les conditions de la *science forestière*? Cette question nous conduit à supposer, pour un moment, la réunion de tous ces agens sur un seul point, *comme le sacré collége se réunit en conclave pour l'élection du saint père.* Dans cet état d'isolement, dans cet état *où chacun ne pourrait prendre conseil que de ses propres et personnels moyens*, appuyés sur les instructions émanées de l'administration centrale, tous auraient à coucher par écrit une *définition de la science forestière*, et surtout l'*exposé des devoirs à remplir dans leurs grades respectifs*. Si le résultat de ce concours instantané, si cette liasse de définitions était soumise *à l'examen de la société royale et centrale d'agriculture*, cette illustre compagnie, si riche de *savoir* et d'émulation, verrait très-probablement sortir de l'épreuve le *tot capita tot sensus* dans sa plus large comme dans sa plus significative acception : Elle verrait ce que tout le monde peut sentir beaucoup mieux que nous ne saurions l'exprimer. Nous reviendrons (§§. 157 et 158) sur les instructions qui régissent cette branche si importante du service public.

106. — Quand on examine froidement l'ancienne et la nouvelle machine forestière ; quand on rapproche les œuvres de celle-là des chances de celle-ci ; quand on fait abstraction des personnes, individuellement très-honorables par leur position sociale, pour ne statuer que sur la dose comparative d'aptitude et d'idonéité, *on ne trouve , ni dans l'un, ni dans l'autre système, les garanties suffisantes.* Avant et depuis la révolution de 1789, *les agens forestiers de tout grade ont été débordés par les exigeances d'un service qu'ils n'ont point appris à comprendre ; dont ils n'ont jamais envisagé que l'argent à verser au trésor,* et qui est au-dessus de leurs forces *avec une évidence impossible à méconnaître.* Dans l'ancien régime, la vénalité des charges avait placé nos forêts sous *l'arbitraire du hazard ;* les protecteurs et les importuns les y maintiennent aujourd'hui ; et *la révolution de 1830 n'a rien fait encore pour délivrer notre belle patrie de cette ruineuse calamité.* On serait tenté de rappeler, à tant de forestiers sans instruction , ce précepte d'Horace :

> Sumite materiam vestris, qui scribitis, equam viribus !

Un proverbe a dit : *au vigneron la vigne.*

Nous ajouterons, avec une intime et profonde conviction :

A DES INGÉNIEURS-FORESTIERS LES FORÉTS !!! (*)

(*) Toutes les fois qu'une branche d'administration réclame

CHAPITRE VI.

ÉLÉMENS DE LA SCIENCE ET DE L'ÉCONOMIE FORESTIÈRE.

107. — Comme toutes les autres sciences, la science forestière est soumise à des principes fondamentaux, et à des règles générales. Mais, dans l'espèce, l'application de ces règles et de ces principes se modifie *en raison des localités.* La science forestière fait très-essentiellement partie *des sciences agricoles.* Elle en est une branche fort importante.

108. — Les physiciens admettent que tous les corps, en général, ont été, plus ou moins anciennement, à l'état liquide. *Les pierres,* par exemple, ont

---

l'application des sciences physiques et mathématiques , il est indubitable qu'il faut placer *à la tête du service ,* comme dans le service lui-même , des *hommes d'ensemble,* des *hommes spéciaux.* L'application à faire des sciences exactes est un signe patronymique qu'il faut là le *si fortè virum quem.* Sans MM. *Chappe , la télégraphie* ne serait jamais devenue ce qu'elle est aujourd'hui. Les ingénieux perfectionnemens qu'ils ont introduits dans la théorie, comme dans la pratique de ce rapide moyen de communication *dont on leur est redevable ,* rendront toujours leur nom cher et recommandable aux savans de tous les ordres dont la noble mission est d'illustrer le pays, d'éclairer les hommes , et d'agrandir le domaine de l'intelligence. *le nom* CHAPPE *est devenu européen.*

été primitivement dans une sorte d'état de dissolu-
tion puisque , dans leurs masses , il se rencontre des
corps dont l'organisation, *animale* ou *végétale*, a dû
nécessairement précéder la formation. De ce système
il résulte qu'un arbre n'est aux yeux de la science ,
que l'*aggrégation de certaines molécules qui na-
geaient auparavant dans l'atmosphère*. *Buffon* , de
son côté, dit que : » de la réunion des molécules
» vitales organiques, renvoyées de toutes les parties
» du corps de l'animal, ou du végétal, se fait la
» réproduction semblable à l'individu qui l'a pro-
» duit. » *Castillon* dit , enfin, que » la théorie de
» la génération est la pierre philosophale de la
» physiologie. »

109. — Sans prendre les choses d'aussi loin , nous
admettrons que le *principe vital est aussi habile
chimiste que parfait mécanicien* ; nous nous appuie-
rons sur les préceptes de la physiologie végétale ,
et, dans le cercle que nous allons parcourir, nous
aurons à considérer *l'arbre sur pied* , comme étant
composé de couches *concentrico-verticales*. Chaque
couche est un assemblage de tubes coniques et ca-
pillaires qui servent de conducteurs à la sève pour
se porter depuis les racines jusqu'à la sommité des
plus petites ramicules. Chaque année voit se former
une couche nouvelle superposée à celle de l'année
précédente. L'épaisseur de ces couches successives
ajoute progressivement au diamètre de l'arbre.

Quand il est abattu, le nombre de couches, ou cercles concentriques, manifesté par sa coupe, exprime son âge.

110. — Dans les vallées, et dans les terrains humides, le bois a belle apparence, mais il a peu de densité, et les couches corticales ne donnent que des produits imparfaits. Il est, à volume égal, moins pesant, et moins roide que celui qui pousse dans les terrains secs et graveleux. A mi-côte, le bois vient et vaut mieux, toutes choses égales d'ailleurs : il est moins élastique et moins souple que celui des vallées, comme il est moins dense et moins cassant que celui des hauteurs.

111. — Dans le bon fonds, le bois s'étend et gagne sur la plaine : dans le mauvais terrain, la plaine gagne sur le bois : dans un terrain médiocre, les choses demeurent *in statu quò*.

112. — Le *feuillé* des arbres retient plus long-temps l'eau de pluie au printemps qu'en automne, parce qu'*au printemps* la feuille a la forme d'une cuiller, et qu'elle est gondolée ; tandis qu'*en automne* elle est plate, épanouie, et que son évasement l'empêche de retenir l'eau pluviale. On peut donc observer avec fruit l'époque plus ou moins rapprochée de cet épanouissement. On peut, jusqu'à un certain point, en conclure la qualité du

fonds de terre comparativement à celle du fonds des climats voisins. En effet une feuille applatie, une feuille dont l'épanouissement a eu lieu plus rapidement ici que là, témoigne que la terre y est moins féconde et moins propre à la végétation ligneuse. Nous avons souvent remarqué que les hauteurs et grosseurs comparées du bois, dans deux localités distinctes, concordaient avec la physionomie du *feuillé*, et qu'une observation venait à l'appui de l'autre.

113. — Le terrain productible d'un bois quelconque n'a qu'une profondeur limitée au-delà de laquelle les racines ne pénètrent point. Si l'on veut pousser du bois jusqu'à 40 ans d'âge sur un sol qui n'a qu'un pied et demi de bonne terre, on s'expose à tout perdre. Quand les bois ont atteint la mesure de croissance que comporte la qualité du sol, ils ne profitent plus, ils languissent ; le fonds se fatigue et finit par s'épuiser. C'est ce qui est arrivé, c'est ce qui arrive encore dans la plupart des forêts du royaume.

114. — On ne trouve guères que du taillis entre les mains de simples particuliers qui, en général, se trompent rarement sur le mieux de leur intérêt. Il est dans la nature qu'on s'applique moins à faire prospérer la chose confiée qu'on ne le ferait de sa propre chose. Mille détails échapperont à un agent

préposé, quelqu'homme de bien qu'il puisse être, mais rien ne fuira à l'œil du maître. Or, dans l'espèce, *l'œil du maître* ne peut être suppléé *que par la spécialité du talent ; que par un corps de génie fortement constitué.*

115. — Beaucoup de propriétaires coupent leurs bois à 15 ou 16 ans, c'est l'âge indiqué, pour les taillis, dans les mémoires adressés à l'académie, par *Buffon* et *Réaumur*, en 1721 et en 1739. Mais on croirait pécher contre l'étiquette si l'on procédait ainsi dans les forêts de l'État. Dans celles-ci, l'on use souvent, à 30 et à 40 ans d'âge, ce qui devrait l'être de 15 à 20. On sait fort bien que si, dans un temps donné de 40 ans, on coupait deux fois, au lieu de ne couper qu'une, le fonds conserverait sa vigueur ; que l'on ne compromettrait pas l'avenir, et que, même, on aurait quelque chose à gagner sous le raport du produit annuel ; mais on glisse sur ces considérations pour se cramponner aux vieux erremens.

116. — Nous ne prétendons pas dire qu'il faille couper à 15 ans ce qui peut aller jusqu'à 25 ou 30 ; ce serait passer d'un extrême à l'autre ; mais si l'un de ces deux excès était inévitable (ce qui n'est pas) il y aurait moins de risques, pour la conservation de l'espèce, à couper un peu trop jeune, qu'il n'y en aurait à couper un peu trop vieux. Si, surtout, il

s'agissait d'un fonds de terre épuisé de longue main par des usances trop reculées, la prudence exigerait du rajeunissement. C'est dans des cas semblables qu'il faut employer le *recepage* comme puissant moyen de régénération (§. 56).

117. — Nous savons très bien que c'est des forêts de l'état qu'il faut attendre des bois d'échantillon autant beaux que possible ; mais ce ne doit jamais être aux dépends du sol, ni contrairement à l'autorité des chiffres. Par exemple, *la forêt de Russy* (Loir et Cher) s'exploite à 220 ans, âge excessif auquel le bois n'a pas plus de valeur intrinséque qu'il n'en avait à 150 ans. Des observateurs, des forestiers praticiens nous ont assuré que, d'après le mode d'usance de cette forêt, il y a de 60 à 70 feuilles, en pure perte pour le trésor, et pour l'utilisation du terrain.

118. — On croit avoir tout fait quand on a borné ses bois : quand on les a fait diviser par coupes réglées, et lorsqu'en vendant, à chaque exercice, la quantité arrêtée, on imagine s'être assuré des revenus fixes. Tel est le cercle étroit dont nos successives administrations forestières n'ont jamais pu sortir. Telle est la dangereuse et funeste sécurité dans laquelle on *somnambulise* le gouvernement. Dans l'état de progressive dégénéressence où sont tombées les forêts du royaume, une implacable fatalité

se déchaîne contre elles : on méconnaît ouvertement leur haute importance. Cependant, dans son brillant exposé des motifs du projet de *Code forestier*, M. *de Martignac* a dit : » Tous les besoins de la vie » se lient à la conservation des forêts : l'agricul- » ture, l'architecture, presque toutes les indus- » tries y cherchent des alimens et des ressources » que rien ne pourrait remplacer. C'est dans les » forêts que le commerce trouve ses moyens de » transport et d'échange : les gouvernemens en » attendent les élémens de leur sûreté comme de » leur gloire. Elles exercent sur l'atmosphère une » heureuse et bienfaisante influence. Leur destruc- » tion est souvent devenue, pour les pays qui en ont » été frappés, une cause prochaine de calamité, de » ruine et de décadence. Leur dégradation, leur » réduction au-dessous des besoins présens et à » venir est un malheur qu'il faut prévoir, une catas- » trophe qu'il faut prévenir. C'est une de ces fautes » que rien ne saurait excuser, et qui ne se reparent » que par des siècles de privations et d'efforts. » Tant qu'on ne saura pas consulter la capacité des fonds ; tant qu'on ne saura pas mettre l'âge des coupes en coïncidence avec l'épaisseur du lit de terre dont le bois doit recevoir ses moyens d'assimilation, on ne fera qu'assujétir nos forêts à une dégradation progressive dont la génération à venir recueillera les fruits amers.

Aux puissantes considérations exposées par le noble orateur dont nous venons de citer les paroles, nous ajouterons que, si l'aliénation de 3oo,ooo hectares de forêts autorisée par la loi du 25 mars 1831, n'est pas organisée, conduite et surveillée avec *plus de lumières, de soins, de mesure et de dévouement à la chose publique* qu'on ne l'a fait dans la précédente aliénation de 15o,ooo hectares, les adjudications auxquelles on va procéder, de nouveau, seront moins une opération de finances qu'une spéculation de bande noire. Nous ferons observer aussi, et nous ne saurions trop insister sur cela, que, *si le pouvoir laisse aux acheteurs la liberté de défricher, d'arracher, et de convertir en terres arables les fonds aujourd'hui plantés en bois*, la France sera bientôt tributaire de l'*étranger*, et qu'elle sera réduite à lui demander, au poids de l'or, le bois que lui refusera son propre sol. C'est dans le passé que le présent doit puiser de salutaires leçons : l'expérience n'est sans fruit que pour les fous. Disons donc ce qui est arrivé des adjudications déjà faites en vertu de la loi du 25 mars 1817; ces adjudications ont prouvé combien étaient *inhabiles ou infidèles* les agens du gouvernement : QU'ON LISE, ET QU'ON JUGE.

Un propriétaire de la *Sarthe* s'est rendu adjudicataire, moyennant 100,000 francs, d'une partie de bois dont la superficie seule lui en a produit *cent dix mille*. Sa spéculation lui a donc valu la propriété du sol, plus un *boni* de 10,000 frans en espèces sonnantes.

Les forêts aliénées dans *Seine et Oise* ont généralement été vendues fort au-dessous de leur valeur. Par exemple : le prix d'adjudication des bois de *Hautes-Bruyères*, des bois d'*Habbecourt*, et autres, a été acquitté, à très peu près, avec l'argent retiré de la futaie sur taillis : en d'autres termes, et *sans bourse délier*, les acquereurs se sont trouvés propriétaires des fonds, ainsi que des taillis dont ils étaient meublés.

La forêt de l'Ouïe a été vendue à un quartier-maître-trésorier aux anciens gardes du corps, compagnie de Noailles, à un prix tellement inférieur qu'ayant conservé cette forêt en nature de bois, pour en jouir en bon père de famille, sa mise de fonds lui produit 8 pour %. Elle lui produirait bien davantage encore si M. *Jaquelin*, alors inspecteur à Versailles, n'avait pas eu la vertueuse énergie de s'expliquer vertement, et de se pourvoir, même, contre la trop basse et dérisoire estimation qu'en avaient faite les experts de la régie des domaines et de l'enregistrement.

Dans les *Hautes-Pyrennées*, un bouquet de futaie de 4,500 pieds d'arbres a été vendu 37,500 francs. Croira-t-on que les agens de la marine royale ont contre-acheté de l'acquéreur la majeure partie de ces mêmes arbres, moyennant la somme de 60,000 fr.?

Le spéculateur a donc eu de *bénéfice clair et net, le fonds d'abord*, puis *la somme de* 22,500 *francs-écus* : Le gouvernement a donc racheté, *moyennant* 60,000 *francs*, et de la main à la main, **P. A. D.**, une seule portion de ce que ses mandataires *venaient de donner pour* 37,500 *francs* !!!

C'EST UN GRAVE MANDAT QUE CELUI D'ALIÉNER 300,000 HÈCTARES DE FORÊTS NATIONALES !!! pour le remplir avec convenance, succès et dignité, deux choses sont indispensables, LE **VOULOIR** ET LE **POUVOIR**. Nous dirons plus loin comment l'estimation des forêts qui vont être vendues se trouve confiée *à des agens qui ne peuvent que vouloir*, MAIS QUI NE SAVENT PAS POUVOIR ; à des agens dont *on n'exige aucune garantie d'aptitude, aucune preuve de compétence*. Il faut se persuader que les forêts sont une énigme dont fort peu d'agens forestiers de notre époque sont aptes à trouver le mot. Avant, comme depuis l'explosion de 1789, ces agens, infiniment honorables d'ailleurs, mais toujours mal appropriés au service, *prennent le raisonnement pour la raison. Le gros clou de la nécessité les attache à la routine, parce que la routine est le guide naturel de l'incapacité.* Tant que leur élection sera soumise à de frivoles caprices; tant qu'ils auront à passer (ainsi que celà s'est vu souvent) *sous les fourches caudines de la tartufferie*, le service forestier sera dans une perpétuelle enfance. On n'y remar-

quera point ce noble désintéressement, cette cha-
leur de conviction, ces *pensées pleines* devant les-
quelles viennent se résoudre toutes les difficultés. Le
travail s'y réduira toujours à un échange de mots,
(*sunt verba et voces, prætercaque nihil*) mais *la
connaissance des mots ne constitue pas la science
des choses.* La méthode et *le savoir* sont seuls capa-
bles d'émanciper nos bois. *Seuls ils pourront les
affranchir des tâtonnemens et du charlatanisme
dont ils ont tant à souffrir.*

119. — A partir de son état de bourgeons, le bois
croît graduellement pendant un certain nombre
d'années. C'est en se renfermant dans les limites de
cette croissance, sans jamais en sortir, que le pro-
duit en argent est *tout ce qu'il peut et doit être,
tout ce que la nature veut qu'il soit.* C'est avec cette
mesure de discrétion, *et seulement par elle,* que le
sol demeure conservé dans toute sa vigueur, et dans
toute sa puissance de réproduction.

120. — Voici l'idée que l'on peut se faire du
développement des bois, et de la marche de leur
assimilation.

Ce n'est qu'à l'âge de quatre ans que l'on peut
compter les bourgeons pour quelque chose, et que
leur produit peut balancer les frais de leur recepage.

Non seulement les bourgeons d'un an ne peuvent

fournir aucune marchandise, mais il faut admettre que, pour les receper, il en coutera 9 francs par arpent. A deux ans, il n'en coutera que 6 francs : à trois ans, il n'en coutera que 3 francs ; mais, à quatre ans, il n'en coutera plus rien, attendu que le bourgeon de quatre feuilles fournira du menu liage capable de couvrir les frais. Depuis un an jusqu'à quatre, il y a donc *progression négative et décroissante.* Elle est négative puisque, pour exploiter les bourgeons, il y a de l'argent à débourser : elle est décroissante puisque l'exploitation coutera de moins en moins.

121. — Nous supposons qu'à 5 ans d'âge, le bourgeon d'un arpent vaudra 10 francs : qu'à 6 ans, il en vaudra 20 : qu'à 7 ans, il en vaudra 30, et ainsi de suite, tellement que, dans notre hypothèse, l'argent âgé de 16 ans vaudra 120 francs. Voilà ce qui peut être vrai d'un bois coupé assez jeune, et assez à-propos, pour ne subir ni retard, ni perturbation dans son accroissement. *Mais la progression que nous venons d'établir ne s'appliquerait point à des bois outrés d'âge, et malvenans.*

122· — La nature a besoin de repos : pendant l'hiver elle est comme engourdie ; *c'est l'image du sommeil qui délasse l'homme de l'exercice du jour.* Quand on coupe un bois âgé de 60 ans, ses dernières pousses ont exigé des efforts bien au-dessus de ceux auxquels avaient donné lieu ses premiers jets. Mais bientôt il va y avoir compensation, dans ce sens que la sève va n'avoir à nourrir que des bourgeons nouveaux. Ils se montreront en grand nombre sur la même souche, il est vrai, mais quelle que soit leur quantité, ils ne consommeront pas, à beaucoup près, autant de parties nutritives que venaient d'en absorber les précédens taillis pour croître de hauteur et de grosseur jusqu'à 60 ans d'âge. C'est ainsi que le sol se délasse, et qu'au moyen de ce repos alternatif, il conserve dans toute leur plénitude ses moyens de fécondité. On ne peut donc pas dire que la progression suivant laquelle s'opère l'accroissement d'un arbre, ou d'une souche de taillis, soit, à proprement dire, une progression arithmétique. On conçoit que, de 6 à 7 ans, la capacité des tubes ligneux est beaucoup moindre que celle des mêmes tubes à l'âge de 16 et 17 ans. L'appétence de ceux-ci surpasse de beaucoup l'exigeance de ceux-là. Il y a, au reste, tant de caprices et tant de variations insaisissables dans l'action mystérieuse des molécules constitutives de la végétation, que l'on ne saurait en considérer la marche comme étant soumise à des règles fixes que puisse prendre sur le fait un calcul rigoureux.

123. — Nous allons supposer maintenant que le sol suffisamment reposé a recouvré son ancienne vigueur. Nous allons admettre que l'arpent dont

nous avons parlé tout à l'heure, comme augmentant de 10 francs par an, depuis 4 ans jusqu'à 16, profitera de 20 francs par an depuis 17 ans jusqu'à 25.

124. — Nous admettrons, enfin, que pendant la période de 17 à 25 ans, le travail des souches est peu de chose comparativement aux efforts qu'elles auront à faire depuis 25 jusqu'à 30. En considération, donc, de ce que, pendant cette dernière période, la nature développera ses moyens avec encore plus de puissance et d'énergie qu'auparavant, nous supposerons que l'arpent de superficie profitera de 30 francs par année, pendant ce dernier intervalle de 25 à 30 ans.

Ceci posé, nous allons exprimer, sous la forme de tableaux figuratifs, ces diverses progressions. Pour l'intelligence de ces tableaux, on peut voir l'explication des signes algébriques, page xxviij.

I.er **TABLEAU** de la progression des bois, depuis l'âge de 5 ans jusqu'à celui de 16. La raison ou différence additionnelle de cette progression sera le nombre 10, puisqu'on y suppose qu'à 5 ans, l'arpent vaut 10 francs, et qu'il profite de 10 fr. par an.

PRIX DE L'ARPENT divisé PAR L'AGE DU BOIS.	VALEUR de la feuille à chacune des années de l'âge du bois.		DIFFÉRENCE du prix de la feuille d'une année à l'autre.	
$\dfrac{10 \text{ francs}}{5 \text{ ans}} =$	2	»		
		de 5 à 6 ans	1	33
$\dfrac{20 \text{ francs}}{6 \text{ ans}} =$	3	33		
		de 6 à 7 ans	»	95
$\dfrac{30 \text{ francs}}{7 \text{ ans}} =$	4	28		
		de 7 à 8 ans	»	72
$\dfrac{40 \text{ francs}}{8 \text{ ans}} =$	5	»		
		de 8 à 9 ans	»	55
$\dfrac{50 \text{ francs}}{9 \text{ ans}} =$	5	55		
		de 9 à 10 ans	»	45
$\dfrac{60 \text{ francs}}{10 \text{ ans}} =$	6	»		
		de 10 à 11 ans	»	36
$\dfrac{70 \text{ francs}}{11 \text{ ans}} =$	6	36		
		de 11 à 12 ans	»	30
$\dfrac{80 \text{ francs}}{12 \text{ ans}} =$	6	66		
		de 12 à 13 ans	»	26
$\dfrac{90 \text{ francs}}{13 \text{ ans}} =$	6	92		
		de 13 à 14 ans	»	22
$\dfrac{100 \text{ francs}}{14 \text{ ans}} =$	7	14		
		de 14 à 15 ans	»	19
$\dfrac{110 \text{ francs}}{15 \text{ ans}} =$	7	33		
		de 15 à 16 ans	»	17
$\dfrac{120 \text{ francs}}{16 \text{ ans}} =$	7	50		

II.e TABLEAU de la progression des bois, depuis 17 jusqu'à 25 ans. La raison ou différence additionnelle de cette progression sera le nombre 20, puisqu'on y suppose que le bois profite de 20 francs par an, et qu'il vaut 140 francs, à partir de 17 ans.

PRIX DE L'ARPENT divisé PAR L'AGE DU BOIS.	VALEUR de la feuille à chacune des années de l'âge du bois.	DIFFÉRENCE du prix de la feuille d'une année à l'autre.
$\dfrac{140 \text{ francs}}{17 \text{ ans}} =$	8 23	
		de 17 à 18 ans » 65
$\dfrac{160 \text{ francs}}{18 \text{ ans}} =$	8 88	
		de 18 à 19 ans » 59
$\dfrac{180 \text{ francs}}{19 \text{ ans}} =$	9 47	
		de 19 à 20 ans » 53
$\dfrac{200 \text{ francs}}{20 \text{ ans}} =$	10 »	
		de 20 à 21 ans » 47
$\dfrac{220 \text{ francs}}{21 \text{ ans}} =$	10 47	
		de 21 à 22 ans » 43
$\dfrac{240 \text{ francs}}{22 \text{ ans}} =$	10 90	
		de 22 à 23 ans » 40
$\dfrac{260 \text{ francs}}{23 \text{ ans}} =$	11 30	
		de 23 à 24 ans » 36
$\dfrac{280 \text{ francs}}{24 \text{ ans}} =$	11 66	
		de 24 à 25 ans » 34
$\dfrac{300 \text{ francs}}{25 \text{ ans}} =$	12 »	

III.ᵉ ET DERNIER TABLEAU de la progression des bois depuis 26 jusqu'à 30 ans. La raison ou différence additionnelle de cette progression sera le nombre 30, puisqu'on y suppose que le bois profite de 30 francs par an, et que, dèslors, l'arpent âgé de 26 ans vaut 330 francs.

PRIX DE L'ARPENT divisé PAR L'AGE DU BOIS.	VALEUR de la feuille à chacune des années de l'âge du bois.		DIFFÉRENCE du prix de la feuille d'une année à l'autre.	
$\frac{330 \text{ francs}}{26 \text{ ans}} =$	12	69		
			de 26 à 27 ans »	64
$\frac{360 \text{ francs}}{27 \text{ ans}} =$	13	33		
			de 27 à 28 ans »	59
$\frac{390 \text{ francs}}{28 \text{ ans}} =$	13	92		
			de 28 à 29 ans »	56
$\frac{420 \text{ francs}}{29 \text{ ans}} =$	14	48		
			de 29 à 30 ans »	52
$\frac{450 \text{ francs}}{30 \text{ ans}} =$	15	»		

125. — Les tableaux qui précèdent font voir que les bois récemment coupés croissent de plus en plus chaque année, pendant un temps qui varie en raison de la qualité du sol. On y remarque aussi que plus le bois prend d'âge, que plus il marche vers sa maturité, moins grande est la différence du produit d'une année au produit d'une autre année. Ainsi donc, plus on laisse approcher le bois de son maximum en croissance, plus on y gagne (le fait est mathématiquement vrai, comme on vient de le voir); *mais il faut savoir s'arrêter à propos.* Dans l'intérêt du terrain, et pour en prévenir l'épuisement, *il faut le couper un peu avant sa maturité parfaite.* Le 1er des trois précédens tableaux met en évidence que si la valeur de la feuille s'élève progressivement depuis 2 fr. jusqu'à 7 fr. 50 c., dans la période de 5 à 16 ans, la différence des feuilles d'une année à l'autre (durant la même période) est décroissante depuis 1 fr. 33 c. jusqu'à 17 c. Il est donc bien démontré que plus le bois prend de prix et de valeur sur pied, plus petite est la différence d'une année à l'autre. Quand cette différence devient égale à zéro, le bois est au *nec plus ultrà* de son accroissement. Il demeure stationnaire aussi long-temps qu'il peut trouver en lui-même des moyens de conservation individuelle. Mais dès que ces moyens viennent à lui manquer, il marche vers son déclin *en suivant une progression décroissante dont les différences deviennent ascendantes.*

126. — Les considérations que nous venons d'exposer sont *sacramentelles dans l'espèce*. Elles doivent être l'objet des recherches et des études de quiconque a la noble ambition de *bien faire* , de quiconque veut être autre chose qu'une *machine agissante.* Il faut avoir la volonté bien prononcée de se livrer méthodiquement aux études que nous venons d'indiquer, comme à celles que nous indiquerons encore : Il faut le faire avec une infatigable persévérance, *nous dirions presqu'avec une âme exaltée*, sur le terrain de chaque forêt. C'est la condition *sine quâ non* d'un honorable succès. Il faut, pour obtenir une distinction qu'on ne doive qu'à soi-même, fuir la contagion de la mollesse, de l'indolence et de la *philantie.* Les recherches, les annotations locales dont nous venons de parler, doivent, ensuite, être comparées avec les anciennes opérations tant des ci-devant maîtrises, que de l'administration qui les remplace. Dans les archives où sont déposés les papiers et documens que renfermaient les anciens *greffes d'eaux et forêts*, on fera des relevés d'adjudications ; on se mettra sur la voie de tout ce qui s'est fait par le passé ; l'on dépistera les anciens *réglemens de réformation.* En un mot on se procurera une *masse de lumières*, une *masse de données* à l'aide desquelles un artiste intelligent, connaisseur en bois, observateur attentif de la nature, habile à différencier les terrains, d'après leur plus ou moins

grande somme de productibilité, sera en mesure d'asseoir sur les bases d'une discussion lumineuse, *pour ne pas dire de la démonstration*, la tenue qui convient à telle forêt, et de régler l'âge de ses coupes en parfaite connaissance de cause.

127. — Plus loin, nous ferons l'application de ces divers préceptes à la *forêt de Montargis*, l'une de celles que nous avons aménagées d'après le système de restauration et d'entretenement que nous nous sommes créé; système qui découle, et qui est sous la dépendance immédiate de la préalable éducation, et du *savoir caractéristique* de l'*ingénieur proprement dit*.

128. — Il est de l'essence de l'économie vitale d'augmenter jusqu'à un certain point, du moins, ses efforts, à raison des obstacles, même hyperphysiques, qu'elle rencontre. Quand on recépe de jeunes plants, avons-nous dit (§. 56) la sève, isolée qu'elle est des tiges propres à diriger son mouve-mouvement d'ascension, réagit sur les racines. Elle les prolonge dans la terre où elles trouvent un sur-croit de nourriture qui fait naître des rejets plus vigoureux. Or l'exploitation agit sur les bois (*quand, pourtant, ils ne sont pas coupés trop vieux*) comme le recépage agit sur les bourgeons. Mais cette régé-néressence des bois par la coupe est renfermée dans des limites de précision que l'on ne franchirait pas impunément (§. 125). Il faut, au reste, ne pas confon-

dre la manutention des bois taillis avec celle des futaies. Les taillis sont un objet actuel , un objet courant de revenu. On ne doit en ajourner la coupe qu'aussi long-temps que marche la progression croissante exprimée dans les tableaux qui précèdent. Par là, on donne à la génération présente ce qui lui est dû , *sans préjudicier aux besoins de la génération à venir.* Le propriétaire recueille tout ce qu'il peut recueillir sans que la vigueur et la conservation du fonds soient compromises le moins du monde. Mais, encore une fois, il faut du tact , il faut de la perspicacité , il faut de la *science d'observation* pour déterminer le point au-delà duquel le bois ne gagne plus rien à rester sur pied ; *le point au-delà duquel il ne fait plus que dégénérer et s'apauvrir. L'étude et le parcours méthodique des surfaces boisées ; les sondes du terrain ; l'examen de la cime , du branchage , et de l'écorce tant des baliveaux que du taillis ;* l'essence dominante de celui-ci , le lancis de ceux-là ; la pesanteur comparative de deux cubes d'égal volume dont l'un serait pris au bas , et dont l'autre serait pris au sommet d'un même arbre ; *tout doit être observé, et comparé avec la plus sérieuse attention.*

Il faut être éclectique dans la foresterie comme on l'est dans la médecine et dans la philosophie. La science forestière ne peut pas être l'ouvrage exclusif d'un seul homme en son particulier , *mais de tous* ceux qui y ont travaillé, et dont elle s'approprie ce petit nombre de choses excellentes qu'on trouve dans leurs écrits. N'oublions pas que chaque espèce de sol réclame une modalité spéciale. *C'est par l'appropriation des modes qu'on enrichit la nature, au lieu de la dépouiller de ses pouvoirs*, comme on l'a fait jusqu'ici par des mesures insolites. Joignons à cela que ce serait pécher contre les règles de *la véritable observation* de généraliser une cause parce qu'elle est la plus ordinaire, et d'exclure toujours une autre cause parce qu'elle est plus rare. C'est ainsi, par exemple, que, *par exception à la règle générale*, il y a des *essences* qui, n'étant encore qu'à la moitié de leur accroissement, ne sont point rajeunies par la coupe : tel est *le hêtre*, et souvent *le charme* : leurs souches ne repoussent point, ou repoussent mal. Il y a d'autres espèces pour qui la profondeur du terrain est chose fort indifférente, attendu que leurs racines s'étendent au lieu de pivoter : tel est *l'orme* ; tels sont tous *les bois blancs*. En matière de foresterie pratique, de repeuplemens et d'entretien, le succès sera toujours en raison de ce que *le choix des essences*, *l'âge*, *l'ordre et la distribution des coupes* seront réglés et combinés avec plus ou moins d'intelligence.

Des motifs de plus parfait ensemble, et d'une plus grande accessibilité à l'intelligence du lecteur nous ont fait reporter au chapitre IX beaucoup de préceptes et de faits surajoutés qui seront le complément du chapitre que nous terminons ici (*).

(*) Un mémoire de **M.** le chevalier *Aubert du Petit-Thouars* sur la formation naturelle ou artificielle des arbres, a donné lieu à des observations judicieuses de la part de **M.** *Marcellin-Vétillard*, *négociant et propriétaire*, au Mans.

» Le mémoire de notre honorable collègue, **M.** le chevalier
» *Aubert du Petit-Thouars*, lu à la séance de la société d'agricul-
» ture, le 17 août 1823, *dit le judicieux et savant observateur que*
» *nous citons*, touche une question d'une importance bien ma-
» jeure pour l'éducation des arbres en général, et surtout de ceux
» que l'homme peut assujétir à des formes régulières, soit pour en
» obtenir des fruits, soit pour en obtenir des bois de construction.
» Je crois fort difficile de constater la supériorité que **M.** *du*
» *Petit-Thouars* accorde à la racine sur la feuille : car si l'on prive
» un arbre de son chevelu et de ses feuilles (opération qui se pra-
» tique dans la plupart des plantations), l'arbre reprendra sa
» vigueur lorsqu'il aura poussé de nouvelles feuilles et de nouveau
» chevelu. Si l'on ôte toutes les branches et toutes les racines d'un
» sujet, en d'autres termes *si l'on fait une bouture*, on ne verra
» jamais les racines prendre un certain développement sans que la
» bouture ait poussé des feuilles ; et réciproquement, les feuilles
» n'atteindront pas leur entier développement sans qu'il y ait des
» racines. Par exemple, à l'égard du saule et du peuplier qui pren-
» nent très-facilement de bouture, la feuille et la racine poussent
» en même temps. Si l'on supprime les feuilles d'une bouture à
» mesure qu'elles paraissent, *le développement de la racine s'arrête*
» *tout-à-coup, et bientôt la bouture se dessèche.* Si, par contre,
» on supprime les racines à mesure qu'elles paraissent, *les feuilles*
» *meurent*, et le résultat est le même. Que l'on arrache un arbre
» quelconque, abandonné à la nature et plein de vigueur, tou-
» jours on trouvera le chevelu en rapport avec le feuillage.
» Il y a également un rapport très-direct entre la nature du

CHAPITRE VII.

ÉTAT DE SITUATION DE LA FORESTERIE FRANÇAISE, EN 1831.

129. — Faire faire, à prix d'argent et par autrui, des plans exacts ou non, *qu'on n'est pas capable de lever soi-même ;* confier à des mains d'emprunt les arpentages des ventes annuelles, *faute de s'y con-*

» feuillage, la quantité du chevelu et la dureté du bois des
» diverses espèces d'arbres. Le *saule,* le *peuplier* le *blanc de Hol-*
» *lande,* par exemple, ont des feuilles peu persistantes, et d'un
» tissu très spongieux ; ils ne sont fixés au sol que par un petit
» nombre de racines traçantes ; *aussi le bois en est-il mou, po-*
» *reux et léger.* Qu'au contraire, on arrache **un** *buis* ou un *if*
» dont le bois est d'une dureté extraordinaire ; quelle abondance
» **quelle fermeté de feuillage!** que de chevelu, que de racines
» entrelacées, tortillées ensemble, et fortement adhérentes au sol !
» **Dans** les arbres de moyenne dureté, tels que le *noyer,* l'*orme*
» ou le *chéne,* on remarquera le même rapport entre les feuilles
» et les racines : elles sont plus persistantes et plus nombreuses
» que dans les bois mous ; comme elles sont sensiblement moins
» nombreuses et moins persistantes que dans les bois très-durs.
» Enfin si, pendant deux années consécutives, on dépouille le
» côté quelconque d'un arbre de tout son feuillé, et qu'ensuite,
» **on arrache** cet arbre, on trouvera mort, ou fort endommagé
» le côté de ses racines correspondant à la dénudation de son
» feuillage. »

naître, *et de pouvoir y procéder de sa personne :* asseoir ces ventes ; en faire le martelage et le récollement ; couper à tire et aire : poursuivre, devant les tribunaux compétens, la répression des délits prévus par la loi, voilà le *nec plus ultrà* de ce qui se fait aujourd'hui, *voilà la succédanée des maîtrises d'autrefois;* voilà le strict et rigoureux nécessaire. Mais *dans le nouveau, comme dans l'ancien régime forestier, on n'aperçoit point cette toute spéciale convenabilité, l'un des symptômes caractéristiques de la perfection.* La foresterie, telle qu'il faut la comprendre dans un siècle éclairé, ne se réduit pas à si peu de chose. Au reste, *ce très peu de chose est lui-même, fort mal exécuté :* nous espérons ne pas laisser substituer un doute à cet égard. Nous prouverons aussi que *l'état actuel de la civilisation repousse avec dégoût un régime forestier purement stationnaire,* et dont le système d'organisation arrête les progrès de l'esprit humain depuis le règne de *François* Ier jusqu'à l'ère de *Louis-Philippe.*

130. — Des bois divisés par coupes que l'on est convenu d'exploiter à tel ou tel âge ne sont pas, à beaucoup près, des bois aménagés dans le sens propre. Un aménagement, *tel qu'on le doit entendre,* a pour objet de fouiller une forêt, de l'interroger, et de pénétrer dans les secrets les plus occultes de sa vitalité, pour en soumettre le régime aux lois du calcul et de la démonstration. *Le faire* d'un aména-

gement ainsi défini n'a rien qui séduise et qui atta-
che : le travail en est aride , et rebutant de sa nature.
*Rien n'y tourne au profit matériel du travailleur :
tout le fruit , tous les progrès sont pour la chose.* Or
ce genre d'opérations, sur lesquelles il est comme
reçu de prendre le change, ne peut, quoiqu'on dise,
être confié avec succès et convenance *qu'à des hom-
mes capables, observateurs avec discernement, et
laborieux par goût.* Il faut, là , le *tenacem propositi
virum :* depuis trop long-temps on y voit le *laudator
temporis acti.*

131. — Il semble qu'en fait de *forestiers* et de
foresterie, l'on ne se soit point encore entendu. Les
notions ont été confondues; les définitions n'ont
point été posées : les faits et les résultats attestent
seulement cette vérité déchirante , que *toujours l'in-
térét des individus a prévalu sur l'intérêt de la chose.*
Comment, depuis Louis **XIV,** les gouvernemens qui
se sont succédés ont-ils pu ne pas sentir que les dé-
couvertes , ainsi que les procédés ingénieux des
Réaumur, des *Buffon,* des *Duhamel,* resteraient à
l'état purement spéculatif , si , dans la carrière de
l'application à la pratique, on ne choisissait pas,
pour être manipulateurs , des hommes instruits , des
hommes spéciaux ?

132. — Nous avons une *foresterie de bureau,*
C. A. D. une foresterie sédentaire , et de statistique.
Les œuvres de **M.** *Baudrillard,* le Mémorial et le

Petit-Manuel forestier de M. *Herbin de Halle* en sont comme le *specimen*, le Répertoire et l'Itinéraire. Ces ouvrages se recommandent par une classification lumineuse, et par un ordre parfait ; mais *on n'y trouve pas un mot, pas une idée sur un mieux et sur des perfectionnemens dont l'urgent besoin se fait si vivement sentir.*

133. — Outre cette première classe de foresterie, nous avons encore une *foresterie dite de conservation*. Nous avons décrit le cercle dans lequel elle se meut (§§. 102, 103, 104, 105, 129, etc.). Celle-ci ne fait que remplacer, *quant au service extérieur seulement,* les anciennes maîtrises d'eaux et forêts qui cumulaient embagesquement les fonctions administratives avec les fonctions judiciaires, *et qui cachaient, sous le lustre qu'on attribuait à celles-ci, leur inaptitude à celles-là.* Mais, à bien des égards, *le régime des maîtrises valait mieux que le régime actuel.* La dépopulation des bois qui, jadis, reconnaissait pour cause primordiale *le passe-port officieux de la vénalité des charges,* reconnaît aujourd'hui, comme perpétuité de la même cause, le *virus* de la protection et *le toxique de la faveur.* Il est avéré que, sans égard pour l'ancienneté de service, comme sans respect pour les droits acquis, les affinités de coterie ont, *maintenant plus que jamais, le pouvoir formidable de soumettre nos forêts à l'intrusion des protégés les plus nuls et les plus incapa-*

bles. L'avancement y est soumis à des caprices encore plus bizarres que ceux de la fortune. Les plus inexplicables passe-droits y substitueraient le découragement à l'émulation *si l'honneur et l'amour du savoir n'étaient, depuis long-temps, le sentiment inspirateur de la jeunesse française.* Nous le répétons, le régime des maîtrises, sous bien des rapports, valait mieux que le régime actuel ou presque partout on rencontre *la mouche du coche.* Or c'est précisément sous l'autorité si louangeusement préconisée de ces anciennes juridictions, toutes composées d'hommes estimables et désireux de bien faire, que, *de proche en proche, et de mal en pis,* nos forêts se sont dépeuplées, et qu'elles sont tombées dans l'état d'insuffisance où nous les voyons aujourd'hui, malgré les graves et successifs avertissemens des *Colbert,* des *Buffon,* des *Réaumur* et de tant d'autres illustres écrivains.

134. — On s'étonne qu'à la voix de ces savans observateurs; qu'au cri d'alarme de ces généreux citoyens, les ingénieurs en chef de chaque province n'ayent pas été appelés à donner leur avis, comme à venir au secours de nos forêts, si visiblement dépérissantes. Comment s'est-il pu faire qu'une idée si simple en elle-même, qu'une idée de première ligne, dans l'espèce, ne se soit offerte à l'intuition convictive d'aucun ministre dirigeant? cela vient, sans doute de ce que, si *l'homme* est né

dépositaire des plus nobles comme des plus géné-
reuses inspirations, *il faut*, néanmoins, *qu'un inci-
dent, qu'un cas fortuit ouvre la soupape par laquelle
chacune de ces inspirations peut s'échapper du
commun réservoir*, pour venir se placer devant cette
perception interne qui perce dans l'avenir, et qui
saisit, pour le lancer dans le torrent de la circula-
tion, le germe des résultats les plus inattendus. Si
Newton n'eut pas été frappé sur le crâne par un
gland tombé d'un chêne, peut-être la *gravitation
des corps* n'eut-elle jamais été découverte.

135. — Au reste, le projet de réunir les forêts
aux ponts et chaussées a été, dans le temps, conçu
par *Trudaine*. Ce projet, *inspiré par l'amour du
bien public, et justifié par de hautes convenances*,
est resté sans exécution sous un gouvernement qui
n'osa franchir la difficulté plus imaginaire que
sérieuse de rembourser la finance des titulaires-fo-
restiers. On prodiguait, on prostituait les trésors de
l'état *à la dotation du parc aux Cerfs*, aux *Pompa-
dour*, aux *Dubarry*, et l'on manquait d'argent pour
sauver d'une ruine inévitable notre plus précieuse
propriété foncière! *Ajoutons qu'on n'ébranle pas
un vieil édifice à l'abri duquel vivent beaucoup de
sinécuristes, sans exciter des clameurs sans fin, et
de virulentes récriminations.* On sait comment des
marchands-bonnetiers gagnèrent, dans le temps,
le valet de chambre de Louis XIV, pour ruiner,

dans l'opinion de ce monarque, *l'utile invention du métier à faire des bas*, *et pour empêcher ce prince magnifique d'accueillir l'auteur de cette ingénieuse machine.*

136. — Pour prendre les choses dans l'état où elles sont, et *seulement pour ce qu'elles sont*, il faut reconnaître, en résumé, que nous avons une *bureaucratie forestière*, c'est-à-dire une *foresterie sédentaire*, avec une *foresterie active dite de conservation.* Celle-là gouverne, ordonne, et dispose : celle-ci n'est, dans la main de celle-là que l'*instrument exécutif du revenu forestier de l'année; c'est une machine à finances dans les mains de la première, et rien que cela sans plus ni moins;* c'est purement et simplement une foresterie de pièces et de morceaux décousus et mal assortis entre eux.

L'inhabileté prétentieuse de cette agence qui n'est, après tout, que la *doublure des anciennes maîtrises d'eaux et forêts*, n'est plus une chose équivoque. Elle a paru suffisamment constatée aux yeux du gouvernement déchu lorsque, le 1er décembre 1824, *une école spéciale forestière* fut créée par ordonnance. Le gouvernement de LOUIS-PHILIPPE restera-t-il en arrière du gouvernement de CHARLES X, en matière d'institutions généreuses? Nous ne saurions le croire. Espérons donc que la France devra au roi qu'elle s'est choisi un système de perfectionnement *appuyé sur des bases toutes nouvelles.* L'état présent des lumières réclame de plus en plus vivement une *foresterie d'arts, de restauration et de savoir* dont tous les membres au‑ront préalablement à faire leurs preuves, ET DEVRONT PASSER PAR LA FILIÈRE DU CONCOURS. Une foresterie ainsi *retrempée* pourra toujours réunir à ses attribu‑tions spéciales les fonctions purement mécaniques et si gauchement exécutées de la foresterie *telle que nous l'avons aujourd'hui.*

La *foresterie scientifique* que nous venons d'es‑quisser hypothétiquement, offrirait au pays la ga‑rantie des talens et de la noble émulation *insépara‑ble du concours présupposé*; on aurait, du moins, la certitude irrévocable *que les protégés ne seraient plus des ignorans,* et CE SERAIT GAGNER BEAUCOUP.

Voyons, par réciprocité, comment se compose, et *comment se recrute le personnel de notre agence forestière* , telle qu'elle se poursuit et comporte, *par le temps qui court.* Voyons, surtout, *par qui va se faire l'estimation des* 3oo,ooo *hectares de forêts* dont la loi du 25 mars 1831 autorise l'alié‑nation, par fonds et superficie : *voyons par qui vont être stipulés les intérêts des contribuables,* en ce qui touche cette aliénation périlleuse. Puisque l'es‑timation en est dévolue à l'administration fores‑tière, *recherchons, si , dans cette administration, tout se passe avec l'ordre, la justice, la franchise et la loyauté requises.* Il paraît que de grands abus se sont introduits dans cette branche de service, s'il faut en croire le feu *directeur général*, marquis *de Bouthillier.* Voici la circulaire qu'à ce sujet, il écrivit aux vingt conservateurs du royaume, le jour même que fut créée l'*Ecole de Nancy*, le 1er décembre 1824.

» Je suis informé, Monsieur, que parfois, des
» arrangemens pécuniaires ont été contractés entre
» des agens susceptibles de retraite, (quelques-uns,
» même, pouvant encore continuer utilement leurs
» fonctions), et des personnes qui aspirent à les
» remplacer. — Je suis trop ennemi des moyens
» détournés pour ne pas réprimer un pareil trafic
» d'emplois qui a le double inconvénient de gréver
» prématurément la caisse des retraites, et d'éta-
» blir une vénalité réprouvée par la morale ; et qui,
» par les sacrifices pécuniaires qu'elle nécessite,
» *pourrait amener des malversations.* Aussi, je ne
» doute pas que vous ne vous empressiez de vous
» joindre à moi pour arrêter un *genre d'abus si*
» *contraire au bien du service,* qui a pu échapper
» jusqu'ici à la surveillance de quelques conserva-
» teurs, mais dont il est important d'empêcher le
» retour. — Je vous prie, en conséquence, Mon-
» sieur, de vouloir bien faire connaître, à tous les
» agens placés sous vos ordres, mon intention for-
» melle de m'opposer à des traités ou transactions
» quelconques ayant pour résultat des cessions

» d'emploi. *Signé le conseiller-d'état, directeur-*
» *général*, DE BOUTHILLIER. »

Puisque telle était la sollicitude de M. de Bouthillier, en 1824, que dirait-il donc si, *nouvel Epiménide*, il voyait les supplantations et l'effronterie de tripotage qui succèdent à la révolution de 1830 ? quelques citations pourront donner une idée de ce qui se passe, *au mépris de ces nobles paroles sorties d'une bouche auguste.* — » LA CHARTE SERA DÉSORMAIS UNE VÉRITÉ. »

ON A VU, naguère, un administrateur en chef qui savait honorer son grade, par une intégrité consciencieuse, comme par une grande distinction de talent, être inopinément *jeté dans le cul-de-sac aux retraites*, et céder sa *chaise-curule* à un subalterne qui a fait, dans le court délai de six mois, le chemin que, selon l'ordre hiérarchique et légal, on ne ferait pas en vingt ans. Et en effet, l'enfant gâté de la faveur dont nous racontons ici l'inexplicable élévation n'était, en 1821, qu'un *simple garde à cheval*, aux appointemens de mille francs ; en *juillet* 1830, il n'occupait encore qu'une place correspondante à celle de SOUS-INSPECTEUR : mais voici qu'en *janvier* 1831, il a franchi d'un vol rapide tout ce qu'il y avait avant lui d'inspecteurs, de conservateurs, *voire même d'administrateurs de la Vieille-Roche*, pour aller siéger A LA DROITE DU DIRECTEUR-GÉNÉRAL.

On a vu le protégé d'un général aide-de-camp être nommé d'emblée, *en mars 1831, garde-général faisant les fonctions de sous-inspecteur,* CHEF DE SERVICE (*estimateur des bois à vendre, par conséquent*), encore bien que, de sa vie, ce protégé n'ait parcouru une forêt! mais où n'arrive-t-on pas quand on a pour soi l'éclusier du canal des grâces?

On a vu un chef de division à l'administration centrale, *tout-à-fait étranger au service actif,* acheter, *à prix débattu,* une conservation *de première classe* dans laquelle il a sous ses ordres 1347 employés de tout grade, et 160,000 hectares de forêts à gouverner, *sans y entendre le premier mot, et sans jamais être sorti de son cabinet.*

Enfin, *en première ligne des estimateurs-nés des bois à vendre,* figure un *sosie* de *M. de la Palisse.* Le cousin d'un ancien ministre de la guerre, nommé *Inspecteur* DE 1.re CLASSE, demande ingénuement *combien il faut d'hectares pour équivaloir à l'ancien arpent d'ordonnance?* Religieux observateur de l'instruction du 9 frimaire an X (§. 157), et pour procéder en sûreté de conscience, le cher cousin *mesure le pourtour des arbres avec un décamètre! Risum teneatis amici !!!*

Noble France, telles sont les grotesques capacités que l'on prépose à l'estimation de tes forêts! pourra-t-on croire que le soleil de 1831 a vu éclore des choix aussi saugrenus chez le peuple le plus aimable, le plus pénétrant, et le plus spirituel de la terre?

Les promotions que nous venons de signaler, et tant d'autres dont nous n'avons pas encore l'état officiel, sont le dernier anneau d'une chaîne d'abus qui remontent à une immense succession d'années; qui pèsent sur nos forêts depuis 1356 (§. 3.); qui y pèsent de plus en plus gravement en 1831, et qui font qu'on les accuse, aujourd'hui, de ne produire que 2 pour %. Faut-il s'en étonner quand tout semble se réunir pour en conspirer la ruine? peuvent-elles prospérer quand on les soumet aux bévues de la plus crasse ignorance? avec une allure aussi peu franche, faut-il être surpris que, de l'heure qu'il est, chacun, en France, soit réduit à MOINS DE NEUF PIEDS CUBES de bois, par an, *pour constructions nouvelles, grosses et menues reparations, chauffage, service culinaire, consommation de fours à pain et à chaux*, etc., etc., ainsi que nous le démontrons par l'autorité des chiffres (§. 195)? Dans un aussi déplorable état de choses, l'administration aura-t-elle, du moins, le bon esprit de vendre les forêts les moins bonnes, *notamment celles qui sont grevées des droits d'usage, pâturages*, etc., etc.?

Nous pourrions ajouter de bien piquants détails à tout ce qui précède; mais *un sentiment de pudeur, et de bienséance*, nous oblige à jeter un voile sur beaucoup de choses. Notre tâche n'est pas de personnifier la contagion. Seulement, et dans l'intérêt général du service, nous regardons comme indispensable de signaler à la probité publique, et, (si nous le pouvons), A LA PROBITÉ ROYALE ELLE-MÊME, des abus qui dessinent d'un trait ferme, et bien prononcé, les flétrissans commérages, les honteuses manigances qui tuent la morale et l'émulation, et qui réagissent si lourdement sur notre état financier. *Une telle subversion d'ordre et de principes, porte l'empreinte de la témérité* : c'est du RISQUE-TOUT, ayons le courage, peut-être dangereux, de le dire. *Amicus Plato, sed magis amica veritas.*

CHAPITRE VIII.

DE L'UTILISATION DES TERRAINS VAGUES DONT SONT STIGMATISÉS LES
BOIS ET FORÊTS.

137. — Dans la cathégorie des besoins du premier ordre, le bois se trouve immédiatement après le blé ; et cependant il n'existe pas de forêt qui n'ait perdu plus ou moins de sa contenance primitive. Il y a, d'ailleurs, plus de forêts en mauvais fonds, ou en fonds médiocres qu'il n'y en a en très bon fonds. Loin donc qu'il y ait à compter sur des accrues spontanées, on ne peut que s'attendre à beaucoup de dépérissemens naturels et successifs au-delà de ceux déjà si considérables que provoque incessamment une mauvaise gestion.

138. — Les secousses d'émulation que l'agriculture a reçue par l'effet consécutif de l'accidentelle cherté des blés ; les bénéfices qu'on a cru faire dans le commerce des céréales et du vin ont donné l'éveil aux spéculateurs. Beaucoup se sont crus intéressés à défrìcher les bois, dans la perspective de se faire un revenu plus fort, et surtout plus prompt en blé, ou en vin. La charrue a donc refoulé les forêts sur

elles-mêmes (*) : elle en a diminué les antiques contenances par la rognure de leurs pourtours déjà si maltraités par la dent des bestiaux. Enfin, ces réductions périmètrales s'aggravent encore tous les jours par des vagues que l'excès d'âge produit dans l'intérieur des massifs. Or ces vagues ne sauraient manquer de s'étendre de plus en plus sous l'influence du régime actuel qui équivaut, tout au plus, à celui des maîtrises dont nous avons déjà démontré, et dont nous démontrerons plus invinciblement encore l'insuffisance.

139. — Les vagues intérieurs dont nous venons de parler sont de contenances très inégales entre elles : ils sont d'une grande variabilité de formes et de figures. Il y a telles localités ou leur somme excède le dixième de la surface boisée.

140. — Des semis partiels sur tant de points de station, plus ou moins éloignés entre eux, se trouvent aux prises avec trop d'ennemis, avec trop d'inconvéniens et de difficultés pour, qu'avec les instrumens actuels, on puisse compter sur des succès capables de balancer la dépense. D'ailleurs, l'état

---

(*) Dans le voisinage d'Orléans, et sur le rein de la forêt qui en porte le nom, une belle étendue de bois, essence de chêne, a été récemment arrachée, et convertie en terres labourables. Le spéculateur propriétaire se propose d'y former une métairie, s'il obtient la permission de bâtir, comme il a obtenu, déjà, celle de défricher.

de crise dans lequel sont nos bois ne permet pas d'assigner le *quantùm* de ces vagues avec assez de précision pour calculer les frais de leur repeuplement. D'ailleurs, aussi, l'on doit prendre en considération le budget des dépenses publiques dont l'énormité ne permet pas d'affecter au département des eaux et forêts autant de fonds annuels qu'il en faudrait pour faire des repeuplemens d'une étendue convenable, et de nature à balancer l'effrayante dépopulation que nous avons signalée (§. 102).

141. — Dans d'aussi fâcheuses conjonctures, ce sont encore des ingénieurs, *et seulement des ingénieurs*, qui pourront débrouiller le cahos. Eux seuls sauront observer fructueusement, et suivre pas à pas le débordement des vicissitudes, afin de lui opposer des digues qui l'empêchent de s'étendre davantage. — Eux seuls trouveront *dans la chose même* les moyens de la reparer largement *sans être à charge au trésor*. C'est seulement avec eux, et par eux, que le pays pourra dire *major nobis nascitur ordo*.

142. — Dans le compte à rendre de l'étendue de ces vagues, ainsi que dans le travail des études préparatoires à leurs repeuplemens, *l'ingénieur* fera spécialement entrer l'examen des fonds de terre à regarnir. C'est la nature du sol qui doit déterminer le genre et le mode de façons qui doivent précéder et

suivre ces semis , ainsi que le choix des semences à déposer dans chaque veine , dans chaque classe de terres, en raison de ce qu'elles seront plus ou moins propres à remplir les tubes séveux , comme à favoriser les fonctions de la *capillarité* (*).

143. — Toujours les sondes du terrain doivent guider la main du planteur, sauf les cas exceptionnels où l'on veut intercaller et introduire des *espèces ubiquistes* telles , par exemple, que le *robinier* dont la culture a été si vivement préconisée par *François de Neuchâteau.*

144. — Quand les vagues à regarnir ne seront pas d'une date trop reculée, l'*ingénieur* consultera les procès verbaux d'adjudication des bois que ces vagues ont portés en dernier lieu. En comparant ces adjudications avec l'adjudication des bois limitrophes (au temps d'alors) il connaîtra l'âge qu'avaient ces bois quand on les a coupés la dernière fois. Or si cet âge , comparé avec les capacités du terrain , indique que l'anéantissement desdits bois provient de ce qu'ils ont été coupés trop vieux , il en concluera le choix à faire de quelque nouvelle essence à laquelle puisse convenir un âge plus jeune nécessaire au délassement , et au repos des fonds.

(*) C'est par l'effet de la *capillarité* que la sève monte dans les tiges des végétaux , et l'huile dans les mèches des lampes.

(103)

145. — L'*ingénieur* aura à faire entrer en ligne de compte le délai des recepages dont les nouveaux plants ne manqueront pas d'avoir besoin pour se *membrer* : puis il calculera l'époque à laquelle ils seront en état d'entrer définitivement en rang de coupes ordinaires. Il ne se dissimulera pas, au surplus, que son travail ne pourra pas mettre un si prochain terme au dépérissement de l'espèce qu'il n'en reste quelques traces que le temps seul fera disparaître. C'est ainsi que, dans un violent incendie, les secours ne peuvent pas être tellement prompts, tellement efficaces, et tellement bien combinés qu'il n'y ait à reparer plus ou moins de dommages.

146. — L'opposition qui se prononcera vraisemblablement, contre l'ouvrage que nous publions, n'atténuera ni la vérité des choses, ni la nécessité de suivre la marche indiquée comme la meilleure, ou plutôt la seule bonne qu'il y ait à suivre. Ce que nous avons dit, ce que nous dirons encore ci-après sera mal accueilli sans doute par des intérêts personnels qui se croiront froissés. D'un autre côté, les esprits routiniers ne se plieront ni aux lois de l'analyse, ni aux lumineux préceptes de *la Méthode* (*) ; mais tout ce qu'il y a d'hommes impartiaux, tout ce qu'il y a d'*ingénieurs* accoutumés à

(*) Ouvrage de *Descartes.*

penser, et à juger autrement que sur de frivoles apparences, reconnaîtront, sans efforts, que l'organisation forestière actuelle ne comporte ni l'instruction, ni la plénitude de moyens intellectuels nécessaires pour assurer le service, au présent et à perpétuité.

147. — Nous ferons observer subsidiairement que le projet auquel on semble revenir de planter les routes, et les chemins vicinaux, d'arbres assortis à la nature du sol remonte au temps même de la création de nos grandes routes. C'est *Trudaine* qui en a fait les premiers essais : c'est à lui que la France a dû l'établissement des pépinières autrefois annexées à la mise en œuvre de cette utile conception. Ce ministre citoyen regretta pendant toute sa vie la distance qu'on avait mise entre *les forêts et les ponts et chaussées* qui, selon lui, devaient ressortir des mêmes capacités. Ainsi que *Bossuet* insista de toute son éloquence, et pourtant sans succès, sur la nécessité de réunir l'étude de la physiologie à l'étude de la morale, de même *Trudaine* visait à réunir les forêts aux ponts et chaussées. Ayant échoué dans ses tentatives, et convaincu qu'il était que bientôt le pays manquerait de son nécessaire en bois, il voulut, du moins, que les routes complantées d'arbres fussent un témoin de sa prévoyante sollicitude. Après lui, les pépinières ont cessé d'être entretenues, et

les semis qui s'y trouvaient, au lieu d'être consacrés à des plantations d'utilité publique, ont embelli les propriétés des riverains qui ont eu accès soit auprès des intendans, soit auprès de leurs subdélégués. C'est ainsi que, de tous temps, les sollicitations individuelles ont été en rivalité permanente avec l'intérêt général.

148. — Dans ce débordement de l'égoïsme d'une part, et de l'insouciance de l'autre, rien n'a été aussi négligé, rien n'a été aussi maltraité que nos bois. Les emplois forestiers qui étaient, jadis, sous la honteuse dépendance de la vénalité, ont passé, de nos jours, sous l'*absolutisme de la faveur et de l'importunité.* C'est une quasi-oligarchie que notre machine forestière : or *Napoléon,* juge compétent dans l'espèce, a dit quelque part : « *Jamais les* » *oligarchies ne changent de sentiment parce que* » *leurs intérêts sont toujours les mêmes.* » Sous l'empire de la Charte de 1830, et dans l'état actuel des lumières, il devrait n'y avoir d'autres protecteurs que Dieu, *les lois, et les talens, dans certains cas spéciaux.* Or la protection des lois est impuissante quand c'est l'esprit de parti qui les interpréte (ainsi que cela est souvent arrivé). Quant aux talens, l'intrigue en fait plus avorter que l'activité n'en fait éclore. Quel prince, osons dire quel ami de son pays eut jamais plus belle, et plus favorable occasion que

LOUIS-PHILIPPE de les introduire enfin dans le service forestier ? Combien il serait digne des conceptions si éminemment françaises de ce monarque populaire de se constituer ainsi le noble fondateur d'une nouvelle application des sciences exactes et positives. Le pays aurait alors une FORESTERIE MODÈLE. Cette belle institution serait l'œuvre d'un prince dont le code de l'honneur français se réduit à imiter les hautes vertus ; *d'un* ROI *qui a toujours été le modèle des bons fils ; des bons époux ; des bons pères, et des grands citoyens.*

CHAPITRE IX.

DÉFINITION DIDACTIQUE D'UN AMÉNAGEMENT PROPREMENT DIT. — NOMENCLATURE DES OPÉRATIONS QUI LE CONSTITUENT. — DIGRESSIONS COMMANDÉES PAR LE SUJET.

149 — A moins de nier l'évidence, il faut admettre l'impossibilité de restaurer une forêt que l'on ne connaît point. Il faut avouer encore qu'on ne connaît jamais, aussi parfaitement que cela est possible, un terrain couvert et boisé, qu'alors qu'on en lève le plan. Il faut concevoir, enfin, que si *le lever du plan* est le moyen *per quem* de bien connaître une forêt, cela ne peut s'entendre que de sa connaissance extérieure, que de son *statu quo* : mais il y a, *pour la connaître à fond*, et moralement, P. A. D. une autre science qui se puise ailleurs que sur le terrain, et que nous appellerons *science d'analyse*. Or cette science elle-même reconnaît deux principaux facteurs, dont l'un a pour auxiliaires obligées les sciences qui embrassent les arts ; et dont l'autre réside dans l'étude, dans le dépouillement, dans le *compulser* des actes et dossiers déposés dans les archives.

150. — Des travaux de l'ordre de ceux dont

nous parlons ici sont *techniques*. Ils ne peuvent être consciencieusement acceptés, ils ne peuvent être mathématiquement combinés, ils ne peuvent être méthodiquement conduits et dirigés, ils ne peuvent être *mis à chef avec succès et distinction* que par des agens qui y aient été rendus aptes au moyen d'une éducation préliminaire et spéciale. Il faut, de plus (*et cela est rigoureusement vrai*), il faut que *l'administration centrale* appelée à connaître des opérations dont il s'agit ici, chargée d'en discuter, et d'en apprécier la convenance; d'en assurer l'exécution et d'en perpétuer les avantages, soit aussi composée *de savants hommes de l'art.* Autrement, sa supériorité ne sera que *nominale, et purement imaginaire*, ainsi que cela doit se comprendre sans le plus petit effort. On pourra l'induire en erreur; on pourra *lui livrer pour bonnes et parfaites* des opérations défectueuses; le désordre ne fera que s'accroître; *tout se décidera par intrigue*; d'injustes destitutions ou le refus d'avancement seront fulminés contre ceux qui auront *le tort d'avoir raison;* l'ignorance et l'avidité entonneront le *Te Deum; ce sera la cour du roi Pétaud.*

Pour éviter toute méprise dans le sens des choses, disons, surtout, que les travaux dont nous venons de parler sont, *de leur nature*, tout-à-fait hors la compétence de nos agens forestiers actuels, puisque déjà ils appellent des secours étrangers pour se pro-- curer les arpentages et les réarpentages des coupes annuelles, arpentages qu'ils ne savent pas faire eux-mêmes. Des faits probants et péremptoires vont justifier nos assertions, et les éclairer du flambeau de l'évidence. Ces faits seront puisés dans l'*histoire de la forét d'Orléans* proclamée comme l'une des mieux réglées, des mieux tenues du royaume. Et en effet, *la maîtrise d'Orléans*, supprimée, comme toutes les autres, par le décret de septembre 1791, était la plus ancienne, la plus nombreuse, et la plus honorablement composée, sous le rapport de son personnel : on ne pouvait rien ajouter aux garanties extérieures que présentait son ensemble. *Elle se composait de trente-quatre officiers : elle jouissait d'un crédit immense.* Ses deux grands-maîtres, *l'ancien et l'alternatif*, ont été rétablis par arrêt du conseil d'état du 24 septembre 1670 ; or les autres maîtrises n'ont été créées que par un édit de février 1689 : donc le rang d'ancienneté, comme celui de prééminence, était, de plein droit, dévolu à cette maîtrise *d'une réputation colossale.* Or, afin de raisonner dans l'hypothèse la plus large, la plus conciliante, et la plus favorable à nos successives institutions forestières, nous supposerons, et nous croyons même que toutes ont été, *celle d'aujour-d'hui surtout,* aussi bien composées que le fut la maîtrise d'Orléans que l'on citait comme un modèle de toutes les perfections qu'il fût possible de désirer. Après avoir établi cette parité de perfections entre l'administration actuelle et l'ancienne maîtrise d'Orléans, nous allons faire abstraction des personnes pour ne raisonner que sur l'essence de l'une et de l'autre institution, par analogie. Nous attaquons ces institutions successives par cela seul qu'elles sont évidemment excentriques à leur objet. Au reste, la valeur psychologique de l'homme réside dans ses œuvres ; *il est là tout entier.* Interrogeons donc les œuvres, et faisons parler des faits que nous allons soumettre au jugement du lecteur.

151. — En 1721, les sieurs *Rangot*, *Verniquet* et *Caron* furent chargés de lever un plan général de la forêt d'Orléans, et d'y faire, *sous la direction de la maîtrise*, l'arpentage et le bornage des bois du roi. Or, de leurs opérations, il ne résulta rien de positif, rien d'utile pour la chose qui en était l'objet : leur travail fut à refaire. *La maîtrise, faute de s'y connaître, fut trompée dans son attente*, et le prince apanagé fut constitué dans une dépense en pure perte. Si quelques doutes s'élevaient, par hasard, sur l'exactitude de ce fait, et de plusieurs autres qui viendront à leur rang, les archives du *Palais-Royal* sont là pour prouver le contraire de

notre assertion : mais les archives du *Palais Royal* ne prouveront rien de semblable.

152. — Afin de mieux faire voir encore combien l'ordre des coupes d'une forêt tient à peu de chose, quand les agens préposés à son maniment manquent des connaissances et du *savoir* requis par la nature du service, nous allons citer un autre fait plus largement précisé que celui qui précède.

Le géomètre *Vauclin* fit, en 1763, l'arpentage, et la division par coupes, de 10,443 *arpens* que contenaient alors les *bois de Vitry,* l'une des six garderies dont se compose la *forêt d'Orléans.* Croira-t-on que, DÈS LA PREMIÈRE ANNÉE *du nouvel ordre de choses qui venait d'être établi à grands frais, sous l'influence immédiate de la maîtrise,* ce nouvel ordre de choses, apparemment mal compris par cette maîtrise *qui l'avait ordonné,* fut interverti *dans ses propres mains, et de son fait personnel?* La chose est d'autant plus incroyable, et prodigieuse que le travail du géomètre est consigné dans des atlas dont chaque feuille présente la figure d'une coupe avec tous ses attenancemens. Quoiqu'il en soit, *la maîtrise n'a pas su lire, sans se tromper,* dans ces sortes *d'abécédaires* dressés tout exprès pour elle, et qui sont, aujourd'hui sans doute, déposés soit dans les archives du Palais-Royal, soit dans celles de la première conservation forestière.

D'après ces atlas, et leur tableau récapitulatif, il devait être adjugé sept ventes par an, savoir :

En 1764   les 7 ventes de la série n° 1
    1765   »   »   » 2
    1766   »   »   » 3
    1767   »   »   » 4

Et ainsi de suite pour chacune des années dont la révolution de coupes devait se composer.

Cependant, loin de se conformer à cette marche écrite *en si gros caractères*, et *si facile à comprendre*, au lieu d'adjuger, en 1764, les 7 ventes de la série n° 1 destinée à composer cet exercice, la maîtrise, *qui était ce que sont aujourd'hui les conservateurs*, a adjugé des ventes qui ne devaient l'être qu'en 1767, 1768, 1769, 1770, 1776, etc., etc.

En 1765, au lieu d'adjuger les 7 coupes de la série n° 2, *la première maîtrise du royaume* a vendu des bois qui, *d'après son propre plan*, ne devaient l'être qu'en 1766, 1768, 1769, 1771, 1777, etc.

C'est ainsi que l'ordre des coupes s'est interverti de plus en plus, car une fois que l'on sort une coupe de son rang, pour la remplacer par une autre, cette autre ayant été convertie en bourgeons *avant le moment préfixe*, ne se trouve plus peuplée en bois bons à vendre lors que son rang arrive ; il faut alors lui en substituer une autre, et ainsi de proche en proche.

Voici ce qui est arrivé de ce désordre honteux :

(113)

De tout ce qui devait être coupé en 1789, année
où devaient marcher les 7 ventes de la série n° 26,
la majeure partie s'est trouvée en bourgeons. On a
donc subtitué à ces 7 numéros 26, les numéros 37,
38, 39, 1, etc. (*).

Des 7 ventes qui devaient s'user en 1790, deux
l'avaient été en 1778, et n'avaient, par conséquent,
que 12 ans d'âge : quatre autres, qui l'avaient été
en 1777, n'avaient que 13 ans d'âge ; il n'en restait
plus qu'une en grands bois ayant plus de 40 ans.

De celles qui devaient être coupées en 1791, deux
l'avaient été en 1778 ; trois l'avaient été en 1779,
tellement qu'il n'en restait plus que deux en grand
bois.

Tous les autres ordinaires ont porté l'empreinte
du même désordre et de la même ignorance. C'est
ainsi qu'une opération très-couteuse, *et de grand
apparat*, a été *sans objet et sans profit* pour le
prince apanagé à qui la maîtrise en avait fait faire la
dépense. C'est ainsi que se sont fourvoyés les offi-
ciers d'une grande maîtrise ; des hommes qui étaient
de ce que l'on appelle *la haute volée*. Tant il est
vrai que la haute volée porte, par fois, le cachet

(*) Au lieu d'adjuger les sept coupes de *marais Joly* ; *Bout-
Tortu* ; *Marchais-Plat* ; *Fontaine à Luron* ; *vente des Liesses* ; *Mar-
chais-Laudron, et Carrefour-Rusé* ; l'on n'a vendu que six coupes,
savoir : *les Queues de Chemaux* ; *les Caillettes* ; *les Mollières* ; *le
Sourdillon, la Jonchère, et la Culotte.*

d'une grande médiocrité de moyens ; tant il est vrai que la haute volée n'a pas la science infuse, et que malgré les prérogatives dont elle est en possession, d'ailleurs, *elle ne peut savoir qu'à la charge d'apprendre.*

Si la maîtrise d'Orléans qui était sur les lieux, *et qui voyait les choses de près*, ne s'est point aperçue de l'intervertissement que nous venons de signaler, il est permis de croire, *à fortiori*, que la foresterie de bureau, en résidence à Paris, n'aperçoit pas davantage les intervertissemens analogues qui, sur divers points du royaume, peuvent échapper aussi aux conservateurs, inspecteurs et sous-inspecteurs ; *intervertissemens contre lesquels le gouvernement est*, non-seulement *sans garantie suffisante*, mais encore *sans garantie d'aucune espèce.*

153. — De ce que nous venons d'exposer (§§. 151 152) il y a lieu de conclure que les réformateurs, en 1721, et que les officiers de maîtrise, en 1763, n'entendirent pas mieux leur affaire que ne l'avaient connue leurs devanciers. Or, *il n'y a pas de raison pour que ce qui est arrivé déjà, n'arrive pas encore aujourd'hui.* Alarmé, stupéfait qu'on est de ces lourdes et grossières bévues de l'ignorance superficielle et présomptueuse, on se demande *en quoi, comment, et sous quel point de vue nos agens forestiers de tous grades sont plus habiles et mieux avisés*

que ne *l'ont été les* 34 *officiers de la maîtrise d'Or-
léans?* On se demande qu'elles garanties peuvent
rendre la gestion de ceux-là plus rassurante, et
mieux éclairée que la gestion de ceux-ci? *les conser-
vateurs, et les autres agens de la moderne organi-
sation ne sont pas plus versés dans la matière que ne
l'étaient leurs devanciers.* Ils ne sont et ne peuvent
pas être mieux intentionnés que ne l'étaient les
fonctionnaires qu'ils remplacent, et qui, pourtant,
ont couvert nos forêts de plaies incurables. Rien
n'est plus sûr que l'incertitude de leur marche qui
n'a *de régularité que dans ses irrégularités.* Au-
jourd'hui, comme autrefois, chacun suit, comme a
dit *Montaigne*, une impulsion de la volonté qui se
présente *sans le conseil de la raison* Du temps des
maîtrises, on achetait, à beaux deniers comptans,
une charge pour laquelle on était sans aptitude, *sauf
quelques exceptions infiniment rares.* Dans le nouvel
ordre de choses. on se couche dans la plus com-
plète ignorance de ce qui constitue la science fores-
tière ; mais, grâce aux faveurs ministérielles, grâce
à la puissance des recommandations, ou par des
considérations de consanguinité, l'on s'éveille, le
matin, pourvu d'un grade plus ou moins élevé dans
cette branche du service public : *l'on se trouve fo-
restier par improvisation.* En substance, et puis qu'il
faut trancher le mot, *nos forêts, en* 1830, *ne sont
ni mieux comprises, ni mieux traitées, ni mieux*

administrées qu'avant 1789. Les instrumens de leur anéantissement progressif n'ont fait que changer de dénominations et de titres : *ce n'est que parmi des ingénieurs que pourront se recruter les véritables hommes de la chose.* Les procédés que nous allons décrire; les moyens d'exécution que nous allons soumettre aux méditations du lecteur ne comporteront pas le plus léger doute à cet égard.

154. — *L'ingénieur forestier* devra faire une étude particulière de tous les anciens plans, et de tous les actes généralement quelconques relatifs à la forêt qu'il s'agira d'élaborer. Il puisera dans les greffes, et autres dépôts, tous les documens, toutes les données propres à éclairer sa marche, comme à déterminer son plan de conduite, car *ce plan de conduite ne peut pas être toujours le même* ; il doit se modifier en raison des localités, et quelquefois en raison des antécédens. *L'ingénieur* fera le relévé des bois vendus année par année, moyennant telle ou telle somme. Il se procurera la figure et la contenance de chacune des coupes adjugées. Il aura à dépister dans le lointain des temps et des choses, les repaires locaux et les antiques dénominations tombées dans l'oubli. Noms de climats, noms de contrées, noms de vallées, noms de tertres, noms de montagnes, cours d'eaux, fontaines, gardoirs, noues, sablonières, marais, étangs, plaines, gout-

fres, arbres ou pierres remarquables, buissons, che-
mins, carrefours, poteaux, etc., etc., etc. ; rien n'est
à dédaigner, rien n'est indifférent, rien n'est à
omettre. C'est quelquefois à l'aide des choses les
plus petites et les plus minutieuses qu'on se retrouve
partout, et que l'on se remet sur la voie de ce qui
s'est perdu dans l'embarras des êtres, ou dans les
broussailles de l'erreur. Il faut, *en matière d'aména-
gement*, savoir mettre dans son travail, comme dans
ses idées, un ordre parfait auquel rien ne puisse
échapper, et qui empêche toute confusion possi-
ble. Plus on est familiarisé avec les formules ma-
thématiques, mieux aussi l'on sait faire obéir sa
plume à toutes les inflexions de la pensée. *Il n'y
a rien à quoi ne s'applique l'esprit d'ordre, l'es-
prit d'analyse* : c'est un *protée* qui prend toutes
les formes.

155. — *L'ingénieur forestier* aura à apprécier la
valeur et l'apropos des actes que lui dévoileront les
archives ; il aura à prendre en considération le ca-
ractère public de leurs auteurs. Il aura souvent lieu de
remarquer que les officiers de maîtrise ont été les
faiseurs de fautes, et que *les commissaires-réforma-
teurs* n'ont pas plus réformé ces fautes qu'ils n'ont su
ajouter à l'instruction de ceux qui les avaient com-
mises. Les grands maîtres, qui ne résidaient pas
plus dans leurs départemens que certains évêques
d'autrefois ne résidaient dans leur diocèse, ne pou-

vaient être informés de la dégradation des forêts que
par les maîtrises locales. Or, confier à un grand
maître la réformation des forêts de son ressort, ainsi
que cela se pratiquait, c'était le constituer *juge et
partie dans sa propre cause*; c'était manifestement
brider à gauche. *Il était juge*, en-tant que réforma-
teur : *il était partie*, en-tant que premier membre de
la juridiction qui s'était fourvoyée. Par des procès-
verbaux de diligence, les maîtrises se mettaient en
mesure, et croyaient remplir le vœu de leur institu-
tion ; mais la prospérité de nos bois exigeait bien
autre chose que ces formalités accessoires.

156. — Comparer une révolution de coupes avec
une antécédente révolution des mêmes coupes ; ob-
server les différentes *manières d'être* du bois dans
une période de temps, pour les rapprocher de ce
qu'elles sont dans une autre période ; appliquer le
résultat de ces comparaisons aux nuances de terrain
de telles ou telles localités ; étudier les bois sur pied
avec ce que *Buffon* appelle la précision du coup-
d'œil ; les observer *en physicien naturaliste ;* spéci-
fier la cause de leur dépérissement ; voila de ces
conditions, *voila de ces devoirs indispensables que
ne savaient pas remplir les anciens officiers de maî-
trises, et que ne savent certainement pas remplir
non plus les fonctionnaires qui les remplacent.* Il
faut ne pas perdre de vue que la vitalité des forêts
est en raison directe de l'idonéité, du *savoir*, et de

l'aptitude des préposés à leur administration. Leur affecter des conservateurs *qui ne les conservent point*, sans leur affecter aussi des *agens reparateurs* que jamais encore on n'a conçu l'idée de leur attacher, *c'est mettre la piéce à côté du trou :* (qu'on nous pardonne cette locution familière qui rend si bien notre pensée). La masse de nos bois est plongée dans une subversion, dans un abatardissement dont l'agence actuelle est avérément incapable de la retirer, par la raison toute simple que *chez nous,* *la science forestière n'est pas encore constituée ;* et parce qu'elle est toujours à l'état vague, *et non défini.* La perfection d'une science quelconque ne date que de l'époque où l'on commence à la parler avec précision. Eh bien ! que les instructions officiellement émanées de l'administration moderne soient, sur cela, la pierre de touche de l'opinion. Citons ces instructions.

157. — Il en est une, du 9 frimaire an 10 (30 novembre 1801) qui a pour objet d'enseigner aux arpenteurs forestiers la manière de s'y prendre pour tracer une échelle : elle ne dédaigne même pas de leur apprendre aussi que *la chaîne est l'instrument dont ils doivent se servir, et que celle de dix mètres est égale au côté de l'arc.* Voila de ces prescriptions oiseuses qui, si on les prenait au pied de la lettre, rendraient ceux à qui elles s'adressent suspectables d'une bien plus petite dose de connaissances acqui-

ses , et d'une bien effrayante insuffisance de talent ; mais nous regardons les géomètres chargés du mesurage des coupes annuelles comme bien supérieurs à de semblables niaiseries. — Poursuivons.

L'instruction précitée ordonne, article 8 , *le rattachement du plan à des points fixes choisis parmi les plus remarquables de l'horison.* Voila qui est bien en soi ; mais quand on suppose que les géomètres à qui l'on s'adresse ont besoin qu'on leur enseigne à tracer une échelle, à plus forte raison doit-on regarder comme nécessaire de leur parler aussi d'une *triangulation* dont il n'est pas dit un mot, *et sans laquelle il n'y a pas de rattachemens possibles.*

La même instruction, enfin, veut que l'on indique , sur le plan de réarpentage, la position approchée des arbres de cinq pieds de tour, et au-dessus, en désignant leur essence. *Ce moyen,* y est-il dit, page 8, *ce moyen deviendra l'un des plus efficaces pour arriver à la description des forêts, et pour indiquer les ressources que l'état doit s'en promettre ! ! !* ce moyen aussi saugrenu que dérisoire d'indiquer les ressources que l'état doit se promettre de ses forêts, est jugé par sa propre énonciation ; il n'a pas besoin de commentaire. Ce n'est pas tout.

Une autre instruction, du 25 février 1812, n° 4849, 2ᵉ division, enseigne aux arpenteurs vérificateurs que « *le rattachement* DE CHAQUE PLAN DE COUPES *à des points fixes* PEUT SEUL *assurer l'exactitude et*

l'harmonie de l'ensemble du travail! Vous l'enten-
dez, savants de toutes les académies; géomètres et
professeurs de mathématiques, vous l'entendez!!!
quiconque accepte la mission *d'instruire des fonc-
tionnaires publics qu'il suppose ne l'être point assez,*
encore bien qu'ils ayent la mission délicate de régler
des intérêts contradictoires d'argent entre le trésor
et les adjudicataires de coupes, doit savoir que,
dans l'espèce, *on ne procède pas des détails aux
masses*, et qu'au contraire ON PROCÈDE DES MASSES
AUX DÉTAILS. Il doit savoir qu'*une triangulation
préalable est l'âme du travail*, et que c'est d'elle
seulement que découle l'exactitude, ainsi que l'en-
semble de l'opération. Il doit savoir que cette trian-
gulation s'appuye, autant que possible, sur des
points fixes et invariables, *mais non le plan parti-
culier de chaque coupe*, puisque l'ensemble de ces
coupes est subordonné à des lignes d'opérations qui
se lient à une chaîne de triangles trigonométrique-
ment calculés. *Les auteurs de l'instruction précitée
ont donc pris le contrepied de ce qu'il fallait dire :
ils ont donc induit en erreur ceux qu'ils se sont char-
gés d'instruire.* En ce qui touche les arpenteurs-vé-
rificateurs à qui s'adresse l'instruction *anti-ins-
tructive* qui vient d'être mentionnée, nous ferons
observer, par digression, que ces places ont été
successivement créées, supprimées, rétablies, itéra-
tivement supprimées, et que l'on a, pendant long-

temps, agité la question de savoir si on ne les recréerait pas encore une fois.

158. — Si, à la date du 25 février 1812, l'administration centrale en était à son 4,849ᵉ numéro d'instruction, à quel nombre en est-elle donc aujourd'hui ? Il en est des instructions comme des lois ; il faut viser à la qualité plutôt qu'à la quantité. La multiplicité prodigieuse d'instructions éphémères se succédant, se réformant, se rengrégeant les unes les autres, a fait de la machine forestière, comme de la machine cadastrale (*), une sorte de *confusion des langues, un cahos dans lequel il est comme impossible de se reconnaître.* Que s'en suit-il, et qu'avons-nous vu souvent arriver ? c'est qu'en matière d'adjudications de coupes, le trésor ou les adjudicataires sont lézés, soit parce que celui-là donne trop, soit parce que ceux-ci ne reçoivent point assez. Souvent, enfin, *nous avons vu des ordres contradictoires entre eux s'appuyer sur des instructions contradictoires entre elles : nous avons vu des géomètres recevoir, de l'administration, des ordres circulaires tout-à-fait inexécutables , opposés qu'ils étaient aux règles, comme aux préceptes de l'art.* On doit traiter les instructions comme l'*émétique. Les charlatans le donnent à tort et à travers ;*

(*) Nous parlons en connaissance de cause, en-tant qu'ancien vérificateur des plans de masse.

mais le vrai médecin ne l'administre qu'avec discer-
nement. Quel affront pour un siècle aussi éclairé,
aussi poli que le nôtre, de voir publier officiellement
des instructions aussi hétéroclites que le sont celles
que nous venons de signaler à la curiosité du lecteur.
Jamais rien d'aussi offusquant ne sortirait de notre
administration forestière si elle avait à sa tête des
hommes de la trempe des Prony, des Arago, des
Biot et des Dupin (*).

159. — Une ordonnance royale, du 11 octo-
bre 1820, a réglé le cautionnement auquel devaient
être assujettis les agents forestiers de tout grade,
mais on a senti le ridicule de cette ordonnance qui
est demeurée sans exécution (**). Il faut à nos forêts

(*) Le discours philanthropique prononcé par M. *Charles Dupin*,
le 9 novembre 1826, à l'ouverture de son cours de mathématiques
et de mécanique appliquées aux arts et métiers, ainsi qu'aux
beaux arts ; l'ingénieuse idée de la carte figurative qui se ratta-
chait à ce discours, ont fait connaître à la France la situation pré-
cise de son industrie manufacturière. — Un travail analogue pour-
rait aussi dévoiler au pays son bilan forestier. Mais ce travail
excéde si prodigieusement les forces de l'institution chargée de ce
service, qu'il ne faut en attendre rien d'aussi vrai, rien d'aussi
fort de choses, rien d'aussi lumineux.

(**) Les cautionnemens en inscriptions de rentes étaient :

Pour les conservateurs. . . . . 600 francs.
    les inspecteurs. 300
    les sous-inspecteurs. 200
    les arpenteurs. 150

épuisées la garantie du talent plutôt qu'une garantie de finances. Jamais, que nous sachions, cautionnement n'a été imposé aux ingénieurs d'aucune classe. *L'éducation* TOUTE à TOUT *que l'on reçoit à l'école polytechnique comporte des garanties bien autrement françaises, et bien autrement rassurantes que celles de l'argent.* Quand l'argent cautionne le devoir, l'homme ne prend pour mesure de son travail, et de ses fatigues que sa commodité personnelle. Ainsi, tant que la nomination aux emplois forestiers, au lieu de s'appuyer sur une somme déterminée d'aptitude spéciale, et de connaissances duement acquises, s'appuiera sur les fantaisies de la faveur, ou d'une préférence sans motifs raisonnables, on ne marchera point avec une allure franche; *on ne fera que se traîner comme le limaçon.*

Nous rentrons dans le sujet principal d'où nous ont fait sortir quelques digressions qui ne lui sont pas tout-à-fait étrangères, et nous revenons à la définition d'un aménagement *proprement dit.*

160. — Les observations, les recherches, les notes de l'*Ingénieur forestier*, soit qu'elles ayent été recueillies sur les lieux, soit qu'elles proviennent du dépouillement fait aux archives, doivent être ins-

---

les gardes généraux. 100
les gardes à cheval. 5o
les gardes à pied. . . . . 1o.

crites en substance sur la minute du plan général qui sera levé préalablement, et avant tout : si la place manque sur le plan pour y faire ces annotations, il faut les inscrire sur des *papiers de retombe.* Au reste, et attendu qu'un *plan-minute* est quelquefois peu maniable, à cause de l'étendue que lui donne assez ordinairement une grande échelle, on peut, à la demande, en faire des arrachemens sur lesquels on établira successivement tous les élémens d'instructions locales qu'il s'agit de se procurer.

161. — Nous avons dit (§. 154) que chaque forêt réclame un mode particulier d'usance. Ce mode particulier que doit prescrire la nature du terrain est ordonné d'avance par ce qu'on appelle un *réglement de formation. L'ingénieur forestier* aura à se pénétrer de ce réglement : il aura à rechercher jusqu'à quel point l'application en aura été plus ou moins bien faite à la forêt qui en est l'objet. Il se rendra compte de ce que l'on doit y couper de bois, et de ce que l'on y en coupe en effet. Il comparera l'âge auquel on coupe, avec l'âge auquel on doit couper ; car on ne fait pas toujours ce qu'on doit faire, en cela comme en bien autres choses. Nous avons dit (§. 152) *dans quelle grossière méprise à cet égard est tombée l'ancienne maîtrise d'Orléans.* Nous ajouterons que ce qui est arrivé en 1764, dans les *bois de Vitry, arrive encore aujourd'hui,* en ce qui touche les forêts aménagées par l'*ingénieur Chail-*

lou (*). Presque toujours le réglement de réformation veut d'une façon, et néanmoins on fait de l'autre. Une fois que l'on a perdu le point de mire, on s'embrouille progressivement, et de manière à ne plus s'entendre soi-même. *On devient semblable à ceux qui connaissent les rues de Paris, mais qui ne savent rien de ce qui se passe dans les maisons. L'ingénieur forestier* donc, devra ne pas lâcher prise avant d'avoir découvert où ont été assises les ventes de chaque année. Il se procurera les figures de chacune d'elles ; il les rapprochera toutes les unes des autres pour en composer l'ensemble de la forêt, sous le rapport seul du mode de ses usances. Sans ce procédé, et autrement que par ce procédé, il ne connaîtra point, ou il connaîtra mal la marche qui aura été suivie. *Or cette marche est infiniment importante à constater, afin de savoir si, tandis qu'on a coupé des bois trop jeunes pour l'être, on n'en aurait pas laissé sur pied d'autres qu'il eût fallu mettre en ex-*

(*) Ces aménagemens sont au-dessus de la compréhension de ceux à qui l'exécution en est confiée. Ils ne savent ni les suivre, ni s'y conformer. Par exemple ; la *forêt de Bercé* contenant 10,245 arpens, 15 perches, a été aménagée, en 1783, à 100 ans d'âge pour la futaie, et à 30 ans pour les taillis : mais *ces dispositions n'ont point été suivies par les agens locaux.* Cela est si vrai qu'en 1830, on y a exploité *des futaies âgées de* 300 **ans. A quoi** donc servent lès aménagemens, s'ils sont en pure perte pour le trésor, *et si nos agens forestiers actuels ne savent ni les compren-dre, ni les exécuter ?*

(127)

ploitation, et dont on a oublié le rang de coupe. Cette pratique est si commune, elle est si généralement usitée qu'elle est devenue, presque partout, une des causes occasionnelles et journalières de l'épuisement des souches, et par conséquent de la ruine des bois. *L'instruction du 7 juillet* 1824, sur les aménagemens, mentionnée (§. 105), et dont nous avons bien étudié les dispositions, *ne dit pas un mot de cet abus des choses, non plus que des moyens de le prévenir.* Il faudrait, pour y mettre ordre, n'employer que des instrumens homogènes, bien assortis, sachant se comprendre mutuellement, et *capables de co-agir dans l'intérêt bien entendu du service.* Mais ce but ne sera jamais atteint aussi long-temps qu'à des sujets pourvus d'usage, de *savoir*, et de capacité, l'on accolera des hommes nuls, et ne sachant même pas leur orthographe. *C'est surtout en matière de foresterie que le rang le plus élevé s'appuie sur le rang le plus bas.* Les gardes-à-pied, même, ont besoin d'avoir un peu l'esprit d'ordre, l'esprit du métier, *comme il arrive des simples piqueurs au corps royal des ponts et chaussées.* Mais, au reste, si quelques gardes-à-pied péchent par ignorance, cela leur est commun avec certains agens d'un grade plus relevé : or cela semble doublement étrange dans le siècle où nous vivons. L'intervertissement des coupes est chose si commune, ce genre de désordre a poussé de si profondes racines, que la vicieuse exécution d'un réglement de réformation qui, lui-même, pour la plupart du temps, était vicieux de sa nature, *en tant que mal adapté aux localités*, a souvent nécessité une réformation itérative, après une ou deux révolutions de coupes. C'est ainsi que, dans un intervalle de 114 ans, la forêt d'Orléans a subi six réformations, savoir : en 1671, en 1719, en 1721, en 1742, en 1751 et en 1785.

162. — En tant qu'ingénieur de cette derniére réformation, nous avons été à même de tout observer, et de voir les choses de près. Or nous avons vu que, jusqu'en 1719, cette forêt avait été coupée à 100 ans d'âge, d'abord, et ensuite à 50 ans. Nous avons vu qu'à partir de 1719, elle avait été usée aux âges de 40 et de 30 ans. Nous avons vu que l'âge excessif de 100 ans a ruiné les souches à ce point là que, *depuis 1671 jusqu'en 1721, cette forét a perdu* 32,000 *arpens de sa superficie boisée.* Nous avons vu partout la loi méconnue quant à la lettre et quant à l'esprit. Nous avons vu que des arrêts du conseil du roi, que des décisions du conseil du prince apanagé, que des réglemens de réformation, et qu'enfin des ordonnances de la maîtrise elle-même, sont demeurées sans exécution, *et tout cela faute d'avoir eu des instrumens bien assortis, bien appropriés à la nature du service.* On voit, par là, combien de causes ont conspiré l'épuisement des fonds! toutes les fois donc qu'il s'agira d'aménager une fo-

rêt, *l'ingénieur forestier* devra rechercher comment les coupes y avaient été ordonnées, et comment cet ordonnancement s'y est exécuté *bien ou mal*, afin d'en conclure pour ou contre la nécessité d'en rajeunir les bois.

163. — Nous insistons sur ce que le plan qui sera levé (*) *devra faire connaître partout l'âge des bois.* En mesurant les lignes d'opération, on devra stationner sur tous les points où il y a changement d'âge. Il faut fureter ces âges divers, et se les procurer comme *données* d'une grande importance. Ainsi, dans la figure de chaque coupe, on aura à inscrire 1° son nom; 2° l'année de son exploitation. Ainsi, par exemple (*noue-large* 1819) exprimera que *la vente est située à la noue-large*, et que *sa dernière exploitation date de* 1819. — Lorsqu'on aura rempli les conditions qui viennent d'être successivement indiquées, on commencera à s'introduire dans la connaissance *du faire*, et de la manipulation de la forêt à réformer. Il faudra en examiner les différentes veines de terres. Ces veines et qua-

---

(*) Notre triangulation du plan général de la forêt d'Orléans s'appuie sur une base de 7,012 perches 69" (plus de 12 lieues communes) à laquelle se rattache un réseau de 57 triangles, ainsi que la position de dix clochers de villes, bourgs, couvents et paroisses rurales. Les calculs et tableaux de cette opération sont consignés dans notre *Traité des aménagemens*, publié en 1789.

lités diverses devront être annotées sur le plan avec une exactitude empressée.

164. — En agriculture générale, comme en agronomie forestière, on admet cinq espèces principales de terre.

1° Celle qu'on appelle *humus*. Elle est le produit de la décomposition des plantes qui croissent sur la surface terraquée. Les forêts sont singulièrement propres à sa concrétion, par le détritus des feuilles et des branches pourries.

2° La *marne* qui, d'après ses propriétés extérieures, paraît être le résultat fortuit de diverses terres siliceuses, magnésiennes, calcaires, argileuses, entraînées par les pluies et par les orages.

3° La *craie* qui est une espèce de terre calcaire, argileuse, dont les parties, vues au microscope, sont convexes, ou présentent des spirales, et autres parties atténuées de madrépores.

4° La *terre calcaire* qui se forme de la même manière que la craie; qui montre les mêmes formes; mais qui présente, en outre, des madrépores entiers, et des coquilles de toutes espèces unies à l'argile.

5° L'*argile* ou la *glaise* dont les molécules très-rapprochées les unes des autres, font un corps dense, compacte, serré, difficilement pénétrable à l'eau, et qui, lorsque ce fluide en a été chassé par le feu, devient tellement impénétrable à toute humidité que, réduite en poudre fine, elle ne s'humecte plus que comme du sable broyé ; elle a perdu toute sa viscosité, toute sa densité. L'argile est si généralement répandue dans la nature qu'il est très-peu de substances qui n'en renferment. L'argile contient considérablement de terre siliceuse, et réciproquement, les terres siliceuses contiennent beaucoup d'argile. La surface du globe présente généralement une couche de terre productive. Cette couche qui a plus ou moins d'épaisseur est diversement combinée.

165. Les bois ne profitent qu'autant que le lit de bonne terre peut suffire à leur entretien.

166. — Pour se maintenir perpendiculaire à l'horison, et pour résister à la violence des vents, il faut ou que l'arbre pivote, ou qu'il prenne de l'empattement, et qu'il étende largement ses racines. L'arbre devient rarement beau lorsqu'il n'a qu'une racine pivotée : c'est ce qui arrive lorsque, dans sa jeunesse, ce pivot trouve une veine de terre favorable dans laquelle il peut piquer fort avant. Mais un arbre pivotant n'est jamais aussi complètement en contact avec le sol que l'est celui dont les nombreuses racines s'étendent au large, et lui servent d'assiette : ces racines multipliées sont comme autant de pompes aspirantes des sucs nourriciers répandus dans le commun réservoir.

167. — Le baliveau sur taillis est un gourmand qui consomme toute la substance nutritive que ses racines peuvent atteindre. C'est une sorte de *droit d'aînesse imposé aux forêts* : c'est l'image du plus fort qui dépouille le plus faible, et qui vit à ses dépens. Au reste, l'institution des taillis-baliveaux était parfaitement dans l'intérêt des anciennes maîtrises. En effet, le salaire qui était de *trente sous* par arpent de *taillis-baliveaux*, aussi bien que par arpent *de futaie*, n'était que de *dix sous* par arpent de taillis simple. Ainsi l'élaboration de 1,200 arpens de ceux-ci n'était pas plus rétribuée que l'élaboration de 400 arpens de ceux-là qui étaient, dès lors, l'objet d'une préférence instinctive. Il est vrai, du moins, que les anciennes maîtrises n'ont jamais réclamé contre le préjudice que cause *à l'état* la réserve des baliveaux sur taillis, et que jamais elles n'ont sollicité la réforme de cet abus nuisible sous le double rapport du produit en argent, et de la conservation de l'espèce.

168. — Nous avons dit (§. 109) que tout arbre est composé de cônes ligneux concentriques et superposés ; que chaque année produit sa couche de cônes ; et qu'enfin chacun de ces cônes est formé par une réunion de tubes capillaires par lesquels la sève se porte depuis l'extrémité des racines jusqu'aux sommités. Ceci posé, quand on exploite le

taillis, et que, par là, les baliveaux de réserve se trouvent isolés, leur nudité les rend plus sensibles aux impressions de l'air, et surtout à l'action de la gelée. A mesure donc que, par l'effet de cette dernière cause, la sève passe de l'état liquide à l'état de congélation, les tubes qui la contiennent se tendent progressivement jusqu'à se rompre. Souvent même le craquement des arbres qui se fendent avec violence se fait entendre de fort loin. Une fois que les tubes sont déchirés, la sève s'extravase par les ouvertures qu'elle rencontre. Il s'établit, le long du corps de l'arbre, de nouvelles branches. Si la sève ne produit pas de ces branches nouvelles, elle alimente avec profusion celles qui, parmi les anciennes, s'offrent à elle les premières. C'est au profit de ces branches privilégiées que se fait la grande consommation des sucs nutritifs. Il arrive alors que les nouvelles branches latérales vicient le corps de l'arbre auquel elles sont imposées; *des nœuds font solution de continuité dans sa contexture;* le bois se tranche, et devient d'un service équivoque, pour ne pas dire dangereux. Le *branchage accessoire* dont nous venons de parler étouffe le taillis renaissant. Les mêmes effets se reproduisent à chaque usance, tellement qu'en définitive, les baliveaux épuisés par ces productions latérales, deviennent, en grand, ce que sont, en petit, les arbres à quenouille de nos jardins; *ils se couronnent, et meu-*

rent en cime. Quand vient le moment de les ex-
ploiter, leur souche altérée ne produit rien, ou ne
produit que des rejetons mort-nés. Les places qu'ils
occupaient restent vides ; *le jeune bois qui les envi-
ronne est languissant.* En un mot, on ne peut se
promettre de la réserve des baliveaux que des taillis
dépérissans par la gelée, par l'ombrage, ou par le
défaut d'air, avec quelques petits chênes rachitiques,
contrefaits, et mourants d'une vieillesse prématurée.
Il est bien reconnu, et c'est un fait d'expérience,
que la réserve des baliveaux sur taillis n'a jamais
procuré les avantages qu'avait en vue l'ordonnance
de 1669. *Réaumur* et *Buffon* ont démontré que le
bois de baliveau est moins bon qu'aucun autre ; que
la graine de ces arbres ne peuple point d'une ma-
nière utile ; que les taillis qui en sont couverts sont
beaucoup plus accessibles à la gelée que ne le sont
les taillis simples ; et, qu'enfin, le fonds de nos
forêts est étrangement compromis par cette réserve
partielle contre laquelle on ne saurait trop s'élever.
— » *Il est certain*, dit Buffon, *que le baliveau fait
» plus de tort au taillis, et qu'il cause plus de perte
» au propriétaire qu'il ne donne de bénéfice.* »
Quand un ancien baliveau a été mis bas dans les
terrains maigres, ou médiocres, *sa souche reste
frappée d'une stérilité radicale.* Autant il y a de ces
arbres récemment exploités, autant il se fait de vides
d'une superficie égale à celle que couvrait leur bran-

chage. Il est, enfin, démontré par le calcul qu'*il ne faut que sept révolutions successives de baliveaux, à raison de* 16 *par arpent, pour dépeupler, et pour détruire irrémédiablement un arpent de bois.* Il faut donc ne pas être surpris de voir des forêts contemporaines du berceau de la monarchie *réduites au quart, au tiers, et quelquefois à moitié de leur ancienne contenance.* Dans un précédent ouvrage, nous avons prouvé, par les chiffres, que, sur les bois du roi de la forêt d'Orléans (sans parler de ceux qui étaient alors grevés du droit de gruerie), *la réserve des baliveaux cause, au prince apanagé, une perte annuelle, et sans compensation aucune, de* 74,800 *francs.* Il doit se trouver, *dans les archives du Palais-Royal,* un mémoire qu'à ce sujet nous fûmes admis, dans le temps, à présenter au prince *Louis-Philippe-Joseph.*

Si l'on veut se procurer un terme de comparaison entre la réserve et la non-réserve des baliveaux, on le trouvera dans le *Morvan.* Les forêts de cette ancienne province sont, peut-être, les seules de quelqu'étendue qui ayent refusé d'obéir à l'ordonnance de 1669, *en ce qui touche la réserve des baliveaux.* Aussi ces forêts qui servent à l'approvisionnement en chauffage de *Paris,* sont-elles encore aujourd'hui aussi pleines, aussi massives qu'elles l'étaient quand fut promulguée ladite ordonnance. Le seul moyen, le moyen unique et infaillible d'arracher la forêt d'Orléans à son progressif et rapide anéantissement, serait de renoncer, *hic et nunc*, à toute réserve de baliveaux, et de l'exploiter à *coupes blanches*. Peut-être y aurait-il, dans les *garderies du Milieu, de Neuville* et *de Courcy*, quelques exceptions à faire; mais ces exceptions seraient infiniment rares si l'on voulait obtenir un succès complet. Nous soumettons aux méditations du conservateur des forêts de *sa majesté* Louis-Philippe, l'idée de cette mesure dont nous croyons devoir affirmer la convenance, pour ne pas dire l'urgence. *Elle aurait le double résultat de sauver les fonds de leur épuisement déjà si grave, et d'augmenter notablement le produit annuel.*

169. Dans les hivers rigoureux, il est de remarque que la rupture des arbres s'opère en raison de ce qu'ils ont plus d'âge. En effet, le bois le plus ancien est aussi celui qui renferme la plus grande masse de *tubes-réservoirs du liquide séveux dont la congélation augmente le volume*. Or la puissance est en raison directe de la masse du liquide congelé, donc le vieux bois rompra plutôt que le jeune. Il faut donc, *en règle générale*, exploiter un peu avant leur complète maturité, les forêts dont les fonds sont maigres et mouillés; dont les bois sont mal plantés, rabougris, *pauvreteux*, et sans hauteur; par la raison qu'étant rajeunis dans des périodes convenablement rapprochées, ils seront moins en risque de se

gourmer, de contracter des nodosités, et même de rompre, qu'ils n'y seraient exposés étant plus vieux. C'est surtout à la forêt d'Orléans qu'est applicable ce que nous venons de dire : *elle était, autrefois, belle et bonne,* mais *pour avoir été mal comprise, et mal traitée, elle est devenue laide et mauvaise.*

170. Dans les gelées d'hiver, la face des arbres exposée *au nord* est la plus endommagée. Dans les gelées blanches, au contraire, la face la plus mal-traitée est celle qui est en regard de l'*est* et du *sud.*

171. — Si la gelée exerce sa nuisible influence sur les gros bois, à cause de la solidité résistante de leurs filamens ligneux, elle l'exerce pareillement sur les bourgeons, par la cause inverse de l'extrême ténuité de leurs parties constitutives. *C'est ainsi qu'une même cause modifie ses effets en raison de l'état des corps sur lesquels elle agit :* c'est ainsi que les extrêmes se rapprochent sans jamais se confondre. On conçoit que plus le bourgeon est jeune et tendre, plus aussi il est accessible à l'action de la gelée, parce que les tissus dont se compose sa tige à peine sortie de terre, ainsi que ses feuilles demi-écloses n'ont encore aucune consistance qui se puisse évaluer. La nature est, dès-lors, arrêtée dans son début par l'action subite des premiers rayons du soleil qui ont bientôt brulé ces tiges naissantes, et crispé ces feuilles à peine écloses.

172. — L'observation a fait reconnaître que les terres excessivement glaiseuses, crétacées, marneuses, sont récalcitrantes à la végétation. Il est à remarquer, néanmoins, que *la pierre à chaux*, et *même le marbre*, encore bien qu'ils ne subissent leur décomposition qu'avec résistance, *n'en sont pas moins propres au développement des graines.* Il n'est pas rare de rencontrer de fort belles productions dans des terrains surchargés de pierres et de cailloux. *La forêt de Montargis* en offre un exemple très-remarquable : le fait est, d'ailleurs, constaté par les expériences de *Tillet* reprises, en 1781, par *Teissier.* Tous deux ont fait pulvériser des moëllons, des cailloux, et des marbres. Au moyen de cuviers défoncés, cette poussière a été mise en contact avec le sol. Il a été confié à ce résidu toutes sortes de semences qui ont parfaitement bien réussi. On a eu soin, au reste de les arroser souvent, et de ne les point isoler du terrain sous-jacent.

173.—Long-temps avant *Priestley* et *Ingenhouss,* l'académicien *Guettard* avait pensé que l'organisme ligneux comportait une circulation de fluides qu'il voulut constater avec précision. Fortement préoccupé de cette idée, il introduisit les rameaux d'une branche d'arbre dans un recipient. L'appareil fut disposé le matin : le soir, le ballon se trouve contenir un volume d'eau assez considérable. L'expérience

fut répétée avec la précaution de luter hermétique-
ment l'orifice du matras, et le volume d'eau se
trouva bien plus abondant que la première fois. Dans
une troisième expérience, les branches introduites
dans le ballon furent coupées ric-à-ric, en sorte que
l'appareil fut isolé de l'arbre, et rendu disponible.
Il fut, dès-lors, facile de peser le volume d'eau qui
se trouva être d'un poids parfaitement égal à celui
des sommités par lesquelles s'était faite l'exsudation.
On en tira la conséquence qu'il n'y a pas d'arbre,
tant gros soit-il, qui ne prenne et ne rende, en
24 heures, un volume de fluide aqueux de pesanteur
équivalant à sa masse. Cette expérience répond, à
certains égards, à la lettre du ministre de l'intérieur
ci-devant mentionnée (§. 11). La constitution at-
mosphérique a très-nécessairement dû se modifier
par suite du déboisement progressif dont parle son
excellence. En effet, l'ingénieuse expérience de
Guettard prouve que les immenses surfaces boisées
qui ont successivement disparu remplissaient les
fonctions d'un vaste alambic par rapport aux fluides
aériformes dont l'horison est toujours plus ou moins
chargé. Ces vapeurs, par une sorte de distillation
quotidienne, devenaient bien moins condensables;
presque toujours elles étaient à l'état de légèreté :
de là des pluies moins fréquentes, et des saisons
mieux réglées.

174. — L'expérience de *Guettard* appuie aussi

ce que nous avons dit (§. 171) de l'action des gelées sur les très-jeunes bourgeons qui, de leur nature, sont fort aqueux, et dont les pores, singulièrement dilatés, sont ouverts à toutes les influences de la température. L'effet en est remarquable, surtout à l'égard des bois naturellement *pauvreteux*, ou situés de manière à ce que les rayons solaires y frappent d'aplomb.

175. — L'écoulement des eaux stagnantes, s'il ne paralyse pas tout-à-fait l'action de la gelée, peut, du moins, en atténuer notablement l'intensité. Il convient donc d'étudier les pentes du terrain ; il faut, même, les régler, si cela est nécessaire, afin de conduire les eaux pluviales, soit dans des rigoles de dégorgement, soit dans les fossés dont nous parlerons, plus tard, comme devant être ouverts pour séparer les coupes entre elles.

176. — Nous venons de dire comment l'*ingénieur forestier* devra lever une surface boisée avec l'intelligence et les détails commandés par l'objet. Il a étudié la nature et la qualité des terrains divers qu'il a eu à parcourir. Des témoignages intermédiaires n'ont pu l'induire en erreur ; il a tout vu *propriis oculis*. Lorsqu'il abordera la question des âges d'exploitation, il aura à calculer si, dans l'intérêt du fisc, comme dans l'intérêt du tréfoncier, et *surtout dans celui de la forêt*, il n'y aurait pas plus de profit en

coupant cinq fois à 20 ans, qu'il n'y en aurait à ne couper qu'une fois à cent ans. Dans l'hypothèse de 5 coupes, à 20 ans, on aura :

1° — Le produit de la 1re coupe que nous supposons être 100 fr. par arpent âgé de 20 ans.   100^{f.} »

2° — Intérêt de ce 1er capital, pendant 80 ans.   400 »

3° — Capital de la 2e coupe, au bout de 40 ans.   100 »

4° — Intérêts de ce 2e capital, pendant 60 ans.   300 »

5° — Capital de la 3e coupe, au bout de 60 ans.   100 »

6° — Intérêts de ce 3e capital, pendant 40 ans.   200 »

7° — Capital de la 4e coupe, au bout de 80 ans.   100 »

8° — Intérêts de ce 4e capital, pendant 20 ans.   100 »

9° — Capital de la 5e coupe, au bout de 100 ans.   100 »

Un même arpent coupé 5 fois, à l'âge de 20 ans, produira donc en principaux et intérêts,   1500 »

Ainsi, le père de famille qui, peut-être n'aurait pas vendu 1500 francs son arpent de bois *âgé de 100 ans*, en retira cette somme par 5 coupes à

20 ans d'âge. Il y a surtout, dans ce procédé, l'inappréciable avantage de conserver au terrain toute sa vigueur, et aux souches toute leur vitalité. Des faits positifs vont justifier ce que nous venons d'établir par hypothèse.

177. — Pendant que, dans la forêt d'Orléans, *on coupait à* 100 *ans d'âge les bois du roi*, *les bois en gruerie s'y exploitaient à* 20, *et à* 25 *ans, cœteris paribus*, et à parfaite égalité de fonds de terre. Voyons, par le relevé des adjudications, ce qu'ont produit les uns et les autres.

178. — Depuis 1680 jusqu'à 1689, il fut vendu, année commune, dans les *bois du roi*, 1062 arpens qui produisirent un total général de 52,232 liv. 10 s. 3 d., ce qui établit à 49 liv. 3 s. 7 d. le prix réduit de l'arpent âgé de 100 ans. — Dans le même intervalle de 1680 à 1689, il fut vendu, année commune aussi, dans les *bois en gruerie*, 1781 arpens 83 perches, qui produisirent un total général de 31,939 liv. 16 s. 6 d. ce qui porte à 17 liv. 18 s. 7 d. le prix réduit de l'arpent âgé de 20 à 25 ans. Ainsi, dans une période de 100 ans, l'arpent, âgé de 25 ans, a produit au moins quatre fois

17 l. 18 s. 7 d. = ... 71 l. 14 s. 4 d.

tandis que l'arpent de 100 ans d'âge n'a produit que. . . . . . 49 — 3 — 7

Il y a donc, pour les bois du roi, un déficit de. . . . . . . 22 — 10 — 9

Durant cette période, les bois du roi, sous le seul rapport du revenu, ont eu *le dessous* dans le rapport de 49 à 71. Mais ce qui est bien autrement grave, et bien autrement désastreux, c'est qu'ils ont été maltraités dans une proportion immense, dans une proportion indéfinie quant à la ruine du sol et du fonds de la forêt. On y voit tels cantons où il faut deux, et quelquefois trois arpens de surface pour représenter un arpent de bois plein. Poursuivons.

179. — De 1720 à 1729, le prix réduit de l'arpent des bois du roi fut porté à 113 liv. 4 s. 4 d. — Dans ce même intervalle, les bois en gruerie, limitrophes, et situés en même fonds, ont été vendus au prix réduit de 60 liv. 8 s. 8 d. Ainsi, durant une commune période, l'arpent de bois âgé de 20 à 25 ans a produit 4 fois 60 l. 8 s. 8 d. = 241 l. 14 s. 8 d. tandis que l'arpent de bois du roi

n'a produit que. . . . . . 113— 4—4

Il y a donc eu, pour les bois du roi, un déficit de. . . . . 128—10—4

Ainsi, durant cette dernière période, les bois en grurie appartenant à divers tréfonciers, *ont été plus productifs, et mieux gouvernés que les bois de l'État dans le rapport de* 241 *à* 113.

180. — Plusieurs analyses, plusieurs calculs de rapprochement, beaucoup de comparaisons de localités nous ont ramené à ce point de doctrine expérimentale que, dans cette forêt, ainsi que dans toutes

les autres, toujours les bois ont été, et sont encore coupés trop vieux ; et pourtant la forêt d'Orléans, (nous le répétons parce que le sujet nous y entraîne) la forêt d'Orléans a toujours été prônée *comme l'une des mieux tenues du royaume.* Que l'on juge des pertes que doivent subir celles-ci par le désastre de celle-là. Il semble, au reste, que l'on commence à comprendre cette vérité, puisque, dans l'*Eure* où le terrain est d'une fécondité parfaite, les aménagemens qui étaient fixés à l'âge de trente ans, ont été réduits à celui de vingt (*).

181. — Quand une forêt à aménager est limitrophe, ou quand elle est entremêlée d'autres bois dont l'état n'est pas propriétaire, on ne saurait trop soigneusement examiner le mode d'usance adopté par les tréfonciers riverains. Si, à parité d'essence, et *toutes choses égales*, *d'ailleurs*, les propriétaires contigus coupent à l'âge de 20 ans tandis que ceux de l'Etat sont exploitées à 40 : si ceux usés à 20 ans sont vigoureux et bien fournis, quand ceux coupés à 40 sont fatigués, et tendent à s'éclaircir, il y aura lieu de conclure que ceux-là sont administrés avec plus d'intelligence, avec plus de discernement que ceux-ci. La conduite de plusieurs tréfonciers qui voyent avec *l'œil du maître*, et qui ne tuent *pas la*

(*) Annales françaises des arts, des sciences et des lettres, tom. 9, pag. 64.

poule aux œufs d'or, est un avertissement qu'il ne faut pas perdre de vue. On s'étonne que l'administration dédaigne des exemples si profitables à suivre ! Dira-t-on qu'il est de la dignité du gouvernement de livrer à la consommation des bois de gros calibre ? Dans l'espèce, l'autorité du gouvernement est impuissante : nulle volonté, nul pouvoir ne contraindra la nature à produire de la corde parée dans un terrain épuisé qui ne peut fournir que de la corde à charbon. D'ailleurs, quand les bûches excèdent une certaine dimension, le marchand ne manque jamais de les fendre, pour augmenter le volume de sa marchandise, et pour qu'il y ait plus de lacunes dans son cordage. Il est donc inutile de rebuter le sol pour lui imposer de gros cylindres qui ne doivent pas rester entiers.

182. — Pour se familiariser avec la valeur des bois, l'*ingénieur-forestier* devra faire un étude de l'*exploitation proprement dite*, et se rendre habile à l'estimation des bois sur pied. Il aura à se rendre compte de la quantité de cordes que produit un arpent de vingt ans, un autre arpent de trente ans, et un autre arpent de quarante ans : ces trois arpens de divers âges seront pris dans des fonds de terre qui soient de qualité parfaitement égale entre eux. Il y aura à comparer entre eux aussi les produits de chacun de ces trois arpens, pour conclure de cette comparaison lequel des trois âges il y aura lieu d'a-

dopter, dans l'intérêt du produit annuel combiné avec le ménagement du fonds *auquel il faut pourvoir avant tout*. Dans ses estimations, *l'ingénieur-forestier* aura à prendre en considération la superficie des vagues qui seront à défalquer du plein bois. Il aura à comparer entre elles les diverses sortes de marchandises fabriquées. Il aura à déduire, de leur produit brut, le prix des façons, ainsi que les droits et charges d'adjudication imposées sur chaque coupe. Enfin, il se rendra familier les prix de transport, eu égard à la distance des lieux où les matières fabriquées sont à livrer (*).

(*) Voici le détail de ce qu'étaient, en 1788, les frais de la corde, prise dans la forêt d'Orléans, et rendue à Paris. *Nous parlons de la corde de Port ayant 8 pieds de couche ; 5 pieds 2 pouces de hauteur ; 3 pieds 6 pouces de longueur de buche, et cubant 148 pieds, c'est-à-dire deux voies et demi de Paris.*

Cette corde, en bois sur pied, déduction faite des deux sous pour livre, des droits de greffe, et autres charges était évaluée à. . . . . 25l. » s. » d.

Façon et levage.	2	»	»
Voiture de la vente au port du canal. . .	6	»	»
Transport par eau à Paris.	15	»	»
Débardage à Paris, dans le chantier. . . .	1	16	»
Mise à port, et domaine de bateaux. . .	»	10	»
Droits, à raison de 5 liv. 12 s. 6 d. par voie.	14	1	3
Capitation, vingtièmes, milice, et frais de communauté à 4 s. par voie.	»	10	»
Frais de garçons de chantier et de voyages. .	»	10	»
Total.	65	7	3

183. — Lorsque toutes ces notions seront acqui-ses, ainsi que toutes celles qui s'y rattachent, *l'in-génieur-forestier* aura à porter ses regards sur la physionomie des coupes en exploitation. Si le bour-geon se montre sous la coignée ; si les ventes d'un et de deux ans de coupe sont peuplées de rejets bien venans et bien élancés, il y aura lieu de conclure que l'âge adopté est en rapport convenable avec la qualité du sol.

184. — Du *minimùm* au *maximum*, il tombe, par an de 17 à 22 pouces d'eau. 17 pouces consti-tuent les années séches, comme 22 pouces consti-tuent les années le plus humides. Or si, de deux années, l'une qui était humide a lancé des pousses plus hautes, mieux nourries, et plus vigoureuses que ne l'a fait l'autre année qui était séche, ce sera une présomption que le terrain est aride, de sa na-ture, et que les années pluvieuses conviennent au développement de la sève, comme au succès de la végétation : *et vice versâ.*

185. — Si, un an, deux, trois, huit, dix ans,

La voie était alors taxée à 27 fr. Or la corde étant de deux voies et demie produisait. . . .	67	10	»
Il n'y avait de frais que pour.	65	7	3
Il restait donc pour le bénéfice du marchand.	2	2	9
Balance.	67	10	»

plus ou moins, après l'exploitation d'une coupe, les bourgeons n'apparaissent pas encore, il ne faudra pas en accuser la nature qui ne fait rien qu'avec une admirable sagesse. *Cet état d'improduction n'est imputable qu'à l'impéritie des agens qui ont réglé l'âge des coupes à l'hurlure et sans consulter la portée du sol.* En l'épuisant comme on est dans l'imperdable habitude de le faire, il ne produit plus que des *bourgeons squélettes et monómes.* Ces rejets beaucoup plus lents à s'élever, sont, par cela même, plus long-temps exposés à l'action des gelées qui sont d'autant plus pernicieuses que les bois sont plus aqueux, plus chétifs, et plus misérables, ainsi que nous l'avons déjà dit (§. 168).

186. — Aussitôt que l'*ingénieur-forestier* aura la certitude acquise que les bois de la forêt à aménager sont outrés d'âge, et que cette forêt perd des feuilles par l'effet consécutif du repos que sont forcées de prendre les souches, il aura à s'assurer si ce vice d'administration pratique règne partout, ou seulement sur quelques points de localité, afin de ne rajeunir que ce qui a besoin de l'être.

187. — Nous avons dit (§. 154) et nous ne saurions trop répéter que l'unique moyen d'atteindre le but, c'est de dépouiller, dans les archives, les arpentages de toutes les coupes exploitées pendant la révolution complète de la forêt à restaurer. Cette collection de figures éparses, que représente assez bien

le jeu dit *de casse-tête*, doit recouvrir, sans plus ni moins, toute la surface du plan, et s'y trouver en parfaite concordance périmètrale. Si, dans cette épreuve, quelques portions demeurent à découvert, cela démontre irréfragablement qu'il y a eu désordonnance dans l'assiettedes coupes. Ce plan recouvert de pièces et de morceaux superposés, enrichi de toutes les notes locales, de tous les repaires, et de tous les documens spécifiés (§. 154); ce plan qui sera la description parlante du terrain, ainsi que du mobilier qui le recouvre, mettra au grand jour tout ce qui, jusqu'alors, aura été enseveli dans l'obscurité. Chacun y pourra lire les intervertissemens, les *écoles*, les lourderies qu'il n'y aura plus moyen de dissimuler : l'administration et les administrateurs y seront JUGÉS PAR LEURS ŒUVRES. Des plans ainsi conçus seront, en agronomie forestière, le *quò sistam* qui manquait à *Archimède;* mais de tels plans sont impossibles dans le système actuel, *puisque les agens qu'on prépose au service sont impropres à constater l'identité des coupes indiquées par le plan, avec les coupes correspondantes à exploiter sur le terrain* (§. 161).

188.—Les bois vivent et se conservent par *intussusception.* Il ne faut pas considérer leur vie comme une chose déterminée, ni comme une quantité absolue. Elle n'est qu'une propriété relative, et capa-

ble d'augmenter, ou de diminuer, selon que la na-
ture reste libre d'en régler la répartition *sans obstacles
et sans contrainte*. Ils se nourrissent de substances
inorganiques dont la merveilleuse digestion, dont
l'assimilation se prépare dans la terre qui semble
être l'estomac des plantes. *Quemadmodùm terra
arboribus, ita animalibus ventriculus*, a dit *Hippo-
crate*. Or l'arbre est le plus gand des végétaux.

189. — La vie des bois commence à s'éteindre
long-temps avant qu'ils s'éteignent absolument eux-
mêmes. Lorsqu'une forêt céde aux catastrophes que
lui prépare, *depuis plusieurs siècles, le choix trop
superficiel des préposés à son administration*, cette
forêt décroît progressivement dans sa majesté, comme
dans son étendue ; elle devient toute différente de ce
qu'elle était dans sa splendeur originaire. Les indi-
vidus dont elle se compose n'ont pas tous la même
vigueur de constitution : *c'est par degrés qu'elle a
commencé à vivre; c'est aussi par degrés qu'elle
disparaît, et qu'elle retourne au néant*. Quand elle
touche au terme de sa durée, on ferme nonchalam-
ment les yeux sur tout ce qui lui manque, pour ne
voir que le peu qui en reste ; et sur ces restes prêts à
nous échapper, on fonde des espérences trompeuses
dont le temps (*tempus edax rerum*) justifiera trop tôt
l'inanité. L'on semble se complaire dans cette sorte
de léthargie, parce que le revenu s'accroît à mesure
que l'espèce, devenant plus rare, devient plus chère

aussi. *Ces trompeuses richesses se versent au trésor ; voilà le ministre content : le traitement des préposés se paye avec exactitude, et chacun, sous ce rapport, est satisfait dans son grade respectif : mais, à travers cette commune hilarité de l'égoïsme, que devient la pressante question du sort à venir de nos forêts ? où et comment s'approvisionneront nos neveux ? et peut-être nous-mêmes ?*

190. — La progressive et rapide augmentation du prix des bois témoigne assez combien la chose vaut la peine qu'on y pense ; le tableau qui va suivre portera démonstration à cet égard : les élémens en sont puisés dans la forêt d'Orléans. Nous avons déjà cité, et nous aurons occasion de citer encore cette importante forêt qui, en 1671, contenait 121,000 arpens de bois effectifs ; qui, en 1721, n'en contenait plus que 89,000, (*et qui, dès lors, avait perdu 32,000 arpens de sa surface, dans un intervalle de 50 ans*) : *dans laquelle, en 1788, on coupait annuellement 3,224 arpens*, savoir, 2,000 arpens de bois en gruerie, et 1,224 arpens de bois du roi : *qui, tous les ans, livrait au commerce 25,712 cordes de bois ; qui, à la même date de 1788, fournissait à la consommation de Paris un contingent annuel de 45,985 voies de bois neuf ; dont le pâturage était ouvert à plus de 17,000 bêtes aumailles, à plus de 32,000 bêtes à laines, et à plus de 2,700 chevaux :*

cette forêt, enfin, *qui renfermait dans son enclave plusieurs villes, trente-huit paroisses entières; qui, en outre, occupait une partie de trente-huit autres paroisses, et que régissaient trente-quatre officiers forestiers.* C'est dans cette forêt si importante, si rapprochée de la capitale, et surtout si maltraitée *par le successif apprentissage de tous et de chacun de ses administrateurs*, depuis 1671 jusqu'à ce jour que, dans leur prix marchand, les bois ont subi la progressive augmentation dont nous allons spécifier les dates et le *quantùm.*

ÉPOQUES	PRIX REDUIT de l'arpent.			AUGMENTATION de prix.			DANS UN intervalle de
	l.	s.	d.	l.	s.	d.	
De 1680 à 1689 —	49	3	7	64	»	9 —	49 ans.
1720 à 1729 —	113	4	4				
1770 à 1779 —	187	1	11	73	17	7 —	59 ans.
1780 à 1789 —	306	17	1	119	15	2 —	19 ans.

A l'occasion de ce tableau, nous ferons remarquer que, jusqu'à 1719, les bois se coupaient à 100 ans d'âge, et que, néanmoins, leur prix réduit ne s'élevait qu'à 49 liv. 3 s. 7 d.; tandis que, de 1780 à 1789, les mêmes bois qui se coupaient de 30 à 50 ans furent vendus au prix réduit de 306 livres 17 s. 1 d.

191. — Les récoltes annuelles des terres arables,

des vignes et des bois, ne peuvent pas sortir de leurs proportions relatives, sans qu'il en résulte des inconvéniens plus ou moins graves, plus ou moins prochains. — *Arthur Young* dit qu'*en Angleterre* les terres sont classées, et qu'en agriculture, les volontés ont tellement été restreintes en faveur de l'utilité publique, que les individus ne peuvent confier à leurs terres d'autres semences que celles que leur attribue le classement. Sans prétendre que cette mesure restrictive soit applicable à la France, nous rappellerons pourtant ici qu'autrefois, on crut nécessaire d'assigner des limites à nos vignobles, et que, défense fut faite de les accroître. Mais cette prohibition ne fut que temporaire et de courte durée. L'argent énorme que produisaient aux fermes générales les droits dont on avait frappé les vins et eaux-de-vie amena bientôt l'abrogation de cette défense. Depuis lors *la quantité de terres à blé convertie en vignes est immense;* tellement qu'aujourd'hui les propriétaires-*vignerons* rejètent sur les *taxes de l'impôt indirect* un dommage et des pertes dont ils auraient moins à se plaindre, peut-être, si l'équilibre n'était pas rompu entre la fabrication du liquide et sa consommation. Quoiqu'il en soit de la cause par rapport à l'effet, *les vignerons sont en réclamation auprès du gouvernement;* ils sont, à cette fin, représentés par un comité en permanence à Paris.

192. — L'administration forestière de l'époque a

vu les vignes s'étendre et se multiplier *sans qu'elle ait donné l'éveil, et sans qu'elle ait mis à l'ordre du jour que, tôt ou tard, les forêts du pays resteraient en arrière de la consommation de merrains et d'échalats qu'allait nécessiter le rapide accroissement des vignobles.* Et, en effet, nous avons vu, *dans la Sologne blaisoise*, telles années d'abondance où *le contenant et le contenu étaient dans le rapport de cinq à un :* C. A. D. que le poinçon de vin ne valait que trois francs, et que la futaille en valait quinze. Nous parlons ici d'un temps déjà reculé : l'*état de détresse que nous signalons s'aggrave de plus en plus,* et cela ne saurait être autrement.

193. — Les vignes, multipliées comme elles le sont, enrichissent le fisc en raison directe de ce qu'elles appauvrissent le vigneron, surtout dans les années de grande récolte ; mais *ce n'est pas le seul danger qu'il y ait à les multiplier démesurément.* En effet, le marchand-ventier est excité, par son intérêt personnel, à fabriquer du bois de fente par préférence à celui d'équarrissage. Celui-ci ne lui présente pas les mêmes profits que celui-là dont le débit est de tous les jours P. A. D. et dont le paiement se fait à plus courts termes. Le merrain, d'ailleurs, ne comporte pas d'aubours ; il se prend dans les premières billes, dans la partie la plus saine, la plus compacte et la plus franche de l'arbre : en suite viennent les

échalats. Il est dans la nature et dans l'emploi de ces sortes de marchandises de durer peu , et d'être souvent renouvellées ; ainsi *les vignes sont en état de rivalité perpétuelle avec nos approvisionnemens en bois d'équarrissage.* Voyons si nous sommes plus au large , et si notre position est plus rassurante , sous le point de vue du *chauffer* (*).

194. — Ce fut avec assez de peine qu'en 1787 , comme en 1788 l'approvisionnement de la capitale se fit en bois de feu. *Les moyens ordinaires furent insuffisans : on fut obligé d'établir des chantiers spéciaux au compte de la couronne.* Ces chantiers devaient être alimentés par des coupes extraordinaires et *forcées* , en attendant la confection des canaux projetés pour assurer à Paris ses fournitures diverses. A l'effet d'encourager son approvisionnement en bois, on avait, dès 1783 et 1784 , grévé la consommation d'un supplément de taxe. En novembre 1803,

______

(*) D'un relevé fait aux archives du commerce , et certifié conforme par l'administration des douanes, il résulte que (de 1816 inclusivement, à 1825 , inclusivement aussi) la France a tiré de l'étranger, savoir :

1° — Un nombre de	18,751,507	merrains.
2° — *idem*	2,247,890	échalats.
3° — *idem*	9,371,228	fagots à bruler.
4° — Stères	886,630	buches à bruler.
5° — Hectolitres	1,695,938	charbon de bois.

les chantiers publics ne délivrèrent ce combustible que par portions très-exigues, fort insuffisantes ; et de proche en proche, nous sommes arrivés en 1831 sans que l'état de choses, à cet égard, soit devenu plus rassurant et meilleur. Afin donc qu'on ne s'endorme pas dans une sécurité mal assise et dangereuse, *il faut avoir la franchise de dévoiler au pays sa vraie position :* Il faut avertir notre administration forestière, qu'en France, *la consommation du bois se trouve réduite à moins de neuf pieds cubes par individu.* Une aussi triste assertion, si elle demeurait isolée de sa preuve, pourrait se révoquer en doute ; les chiffres vont donc la justifier. Nous prendrons pour point de partance les adjudications de l'an **X** (1801), attendu que cette époque s'est trouvée être une des plus favorables à l'approvisionnement auquel contribuaient alors *les pays conquis*, tous richement enforestés, et distraits de notre territoire, à partir de la restauration. Ainsi, nous *allons raisonner dans l'hypothèse la plus large.*

195. — En l'an X donc, il a été adjugé, pour le compte du gouvernement, *affouages compris*, 64,175 hectares de bois, avec 368,900 arbres. Beaucoup d'anciennes maîtrises statuaient sur *quarante arbres épars pour équivaloir à un arpent.* A partir de cette évaluation reconnue pour exacte, et en calculant sur 80 arbres par hectare, pour faire un nombre rond, les 368,900 arbres adjugés représen-

tent 4,611 hectares, lesquels étant ajoutés aux 64,175
hectares prémentionnés, font monter à 63,786 hec-
tares le total général des bois de l'État adjugés
en 1801, exercice largement approvisionné par le
motif que nous avons exposé. Or 68,786 hectares,
tant bons que mauvais, et tant vieux que jeunes, sur
le pied réduit de seize cordes par hectares, ont fourni
une masse de 1,100,576 cordes. Ainsi, la corde étant
de 112 pieds cubes, 1,100,576 cordes ont produit
123,264,512 *pieds cubes, lesquels étant divisés par
une population de trente millions d'âmes, assignent,
à chaque individu, 4 pieds cubes plus 1/10, en négli-
geant une fraction peu importante.* Enfin, d'après
la statistique forestière émanée du département des
finances, pour le même exercice, 1801, *les bois
particuliers et communaux, ensemble, sont de masse
egale aux bois de l'Etat*; ainsi 8 pieds cubes plus 1/5
composent le dividende de chacun dans la réparti-
tion générale. En d'autres termes, *la consommation
moyenne et réduite de chacun, en France, est main-
tenant bornée à moins de neuf pieds cubes de bois,
par an, pour chauffage, service culinaire, consom-
mation de fours à pain et à chaux, grosses et menues
reparations, constructions nouvelles, etc., etc., (*).*

(*) Des agronomes à qui nous avons communiqué notre manus-
crit argumentent de ce que nous cavons trop bas en n'attribuant
que la quantité de 8 cordes à l'arpent de bois tant bon que mauvais,

196. — *Tant vaut l'homme , tant vaut la terre* est un adage singulièrement applicable aux agences forestières de toutes les époques, et de tous les temps, sans en excepter celle du temps qui court. En disséquant les œuvres de ces agences successives pour réduire chacune d'elles à son exacte valeur, on se tient pour dit qu'*elles n'ont avec les forêts que des rapports guindés , que des analogies bâtardes trop bien prouvées par le triste et languissant état de nos bois.* Dans les mains d'un corps d'ingénieurs, *les forêts reviendront à la vie;* de toute autre manière , *elles ne feront que durer,* et ne dureront pas long-temps. Dans un corps d'ingénieurs , *l'esprit de suite ne meurt jamais* ; mais *l'esprit de suite* est incompatible avec l'organisation forestière actuelle, parce qu'elle manque de spécialité proprement dite , et parce que cet *esprit de suite* dont nous parlons n'y trouve point de base , point de fondemens pour s'ap-

---

et tant vieux que jeune. Nous répondons à cette objection par le résultat de l'expérience en grand que nous avons faite pour nous éclairer et pour nous fixer sur ce point. Cette expérience la voici.

Nous avons pris arbitrairement une vente de 40 arpens dans 900 climats divers de la forêt d'Orléans. Dans les 36,000 arpens résultant de cette combinaison de *facteurs,* nous avons obtenu, pour moyen terme de l'arpent des 900 localités différentes entre elles , 7,200 cordes. Or $\frac{7200}{900} = 8$. Donc les 900 ventes par nous prises, au hasard , pour objet d'études , ont communément donné huit cordes de bois, par arpent réduit. C. Q. F. D.

puyer. *Les sciences constitutives de l'ingénieur peuvent seules être la cause efficiente de la vigueur et de la prospérité des forêts.* Le revenu que l'on en peut retirer ne sera jamais que l'effet consécutif de cette cause principale. *En matière de foresterie*, quoiqu'on dise, *le calcul et la démonstration doivent tout décider.* Il faut que l'action du corps ne soit jamais isolée de l'application et du travail de l'esprit qui doit être tout entier à la *géoscopie.* Réprimer les délits ; asseoir les ventes, en faire le martelage, et le récolement ; en un mot, préparer le revenu de l'année n'*est pas ce qui constitue la science forestière,* On a fait cela de tout temps ; or c'est précisément parce qu'on n'a su faire que cela *sans plus* que le pays est à la veille de manquer de bois. N'est-ce pas une subversion affreuse qu'à mesure que la population augmente, la condition de nos forêts devienne de plus en plus mauvaise ?

197. — Une cause incidente que, par disgression, nous croyons devoir signaler ici, concourt à aggraver le mal déjà si grand de la dépopulation. — Par un très fâcheux abus, les plus beaux jets de bourgeons sont, tous les ans, et dans toutes les ventes en exploitation, convertis en *rouettes destinées à lier les fagots.* Ces rouettes ne se recueillent point dans les coupes à exploiter ; s'il en était ainsi, l'adjudicataire ne ferait que disposer de ce qui lui appar-

tient, il n'y aurait pas, dès-lors, le mot à dire ; mais ce n'est point ainsi que cela se pratique. On va très-indûment choisir ces liens dans les ventes usées depuis 3 , 4 et 5 ans : calculons les suites de cette tolérance.

198. — Dans la forêt d'Orléans, on coupe , par ordinaire , 3,200 *arpens qui livrent à la consommation 25,600 cordes de bois, à raison de huit cordes par arpent.* Or chaque corde fournit, moyennement, un cent de liage, (ce qui représente une masse de 2,560,000 fagots dont chacun est serré de deux hares). Ainsi les 2,560,000 fagots dont nous venons d'expliquer la fabrication employent 5,120,000 rouettes. Il faut en compter autant *pour la latte , le charnier, le cercle , les déchets, et le gaspillage* ; la forêt d'Orléans est donc annuellement tributaire de 10,240,000 *brins triés et choisis parmi les rejets les plus beaux, les plus vigoureux ; parmi les pousses les plus droites et les mieux élancées des bourgeons de trois à cinq ans.*

199. — Le même calcul appliqué aux adjudications des bois de l'état montre que ceux-ci subissent annuellement *une éclaircie prématurée de 440,230,400 brins de la plus belle espérance.*

Mais , dira-t-on , ces brins de choix ne sont qu'un emprunt fait au terrain ; ils ne sont que retardés ; ils repousseront ! C'est par cela même qu'ils sont retardés qu'ils auront à subir les chances de l'ombrage et de l'humidité dont les infesteront les jeunes taillis qui auront sur eux de quatre à cinq ans d'avance. La gelée pourra les atteindre, et paralyser leur accroissement : or nous sommes trop peu riches en bois pour courir des hasards auxquels nous pouvons perdre quelque chose *sans jamais gagner, même dans la supposition de l'événement le plus favorable.* Ce qui se pratique aujourd'hui s'est pratiqué de tout temps, pourra-t-on dire aussi! *De ce qu'un abus a subsisté*, repondrons-nous, *la conséquence est-elle forcée qu'il ait acquis des droits à subsister toujours?* en économie forestière, rien n'est à négliger, rien n'est indifférent. Les plus petites ramicules de prospérité s'y rattachent au plus grosses racines. NOUS EN APPELONS AU SENTIMENT DE LA SOCIÉTÉ ROYALE ET CENTRALE D'AGRICULTURE A LAQUELLE NOUS SOUMETTONS AVEC UNE JUSTE CONFIANCE LES VUES D'AMÉLIORATION QUI SONT, DEPUIS LONG-TEMPS, LE CONSTANT OBJET DE NOS DÉSIRS, ET DE NOS VŒUX(*).

(*) Parmi beaucoup de contrées du royaume où les conifères sont l'objet d'une imposante culture, nous citerons la partie orientale, et surtout la partie méridionale de *la Sarthe*, où les planteurs, pour lier leurs *fagots de sapin*, sont obligés de se procurer, à prix d'argent, les *liens en chêne* nécessaires à leurs exploitations *d'éclaircies*. Le cent de ces liens s'y paye communément 60 *centimes*; mais, en ne les comptant ici que sur le pied de 50, les 440, 230, 400 brins dont on impose aux bois de l'état la prestation annuelle et purement arbitraire sont l'expression d'une somme de

200. — Il faut, quand on abat le bois, ne pas se méprendre sur l'âge qu'il a ; il faut ne pas confondre son *âge d'apparence* avec *l'âge latent* qu'il a dans la réalité. *L'âge d'apparence*, on le trouve sur le plan où doit être écrite l'année de sa dernière exploitation. *L'âge réel*, au contraire, *est fidélement exprimé par le nombre de cercles concentriques que montre sa coupe horizontale.* S'il n'y a pas autant de ces cercles qu'il y a d'années que la vente a été exploitée, *ce qui s'en manque est l'expression du temps pendant lequel la nature a refusé de produire.* Il arrive souvent, en effet, que les souches trop épuisées par des efforts antérieurs, ne donnent leurs *scions nouveaux* que 2, 3, 4, 6 ans, plus ou moins, après leur exploitation.

201. — Par tout ce qui précède, on doit comprendre de mieux en mieux combien, avec un plan disposé comme il est dit, (§§. 154, 161, 187) il devient facile de connaître la désorganisation d'une forêt, ainsi que toutes les infractions contre l'arrangement, contre le nombre, contre la contenance des coupes organisées soit en vertu d'un réglement de réformation, soit en vertu de tous autres actes équivalents.

2,201,152 francs. Pourquoi donc le gouvernement ne s'affranchirait-il pas de cette servitude passive, en insérant au *cahier des charges* la condition que l'adjudicataire prendra seulement sur les coupes à lui adjugées, les hares dont il aura besoin.

On peut y voir les arrièremens de coupes quand il y en a : l'on peut, en parfaite connaissance de cause, désigner la quantité, comme la position locale des bois à couper par extraordinaire, à l'effet du repos des fonds épuisés.

202. — En opérant sur le terrain, l'*ingénieur-forestier* observera les bois de tel climat comparativement à ceux de tels autres. Il remarquera comment telle ou telle combinaison de terrain élance le bois avec plus ou moins de puissance ; il examinera s'ils y sont plus ou moins bien alignés ; si l'écorce en est lisse et claire ; si le branchage s'élève par angles aigus ; si le feuillé y est large, et si la contexture en est mâle ; si les graines y sont bien nourries, etc. Il aura lieu d'observer que certaines natures de terrains produisent des bois rachitiques, mal perpendiculaires au sol ; dont l'écorce est rude et terne, dont le branchage incline vers le parallellisme à l'horizon, dont le feuillage est mesquin ; dont les graines se développent mal, et sont, pour la plupart avortées. En substance, il considérera sous tous les rapports, et sur toutes les faces, la forêt qui est l'objet de son travail. Il déterminera, par approximation raisonnée, combien il peut en sortir de marchandises de chaque espèce ; combien elle porte de baliveaux de chaque âge ; combien, *par exercice*, elle peut fournir de pièces d'équarrissage, etc., etc., etc. Ces supputations, ces recherches seront moins difficiles pour un

ingénieur-forestier qu'il ne l'est, pour un *garde-chasse* de produire périodiquement *l'etat et le dé-nombrement des pièces de gibier qui peuplent une capitainerie.* Il se fera des aperçus sur la matière, en consultant les procès-verbaux d'assiette et de mar-telage de toutes les ventes dont se compose la forêt donnée. Il lui sera dès-lors facile d'établir le total des arbres réservés et laissés sur pied pendant une révolution de coupes. De ce total il retranchera les chablis dont les procès-verbaux de diligence, ou d'adjudication lui feront connaître le nombre. Parmi tous ces arbres sur pied, beaucoup seront vraisem-blablement stationnaires ; d'autres s'entretiendront dans une sorte de médiocrité ; d'autres, enfin, se-ront chétifs et dépérissans. *L'ingénieur-forestier* établira dans quel rapport approximatif de quantité ces trois classes se trouveront être relativement les unes aux autres. En statuant, en suite, sur cette règle générale que l'équarrissage est égal au cinquième du pourtour, il cubera un certain nombre d'arbres dans chacune des trois classes, tellement que, par les communes mesures qu'il se sera faites, il se trouvera pouvoir calculer les ressources disponibles à telles ou telles époques. Des tableaux clairement dressés exposeront *les facteurs* et les résultats de ces recherches et de ces calculs. Enfin, *de la substance et de l'ensemble de ces travaux, il déduira un état de situation sur lequel devront être basés les projets*

*ultérieurs de restauration à soumettre au gouver-
nement.*

La marche que nous venons d'indiquer conduira
bien plus sûrement à évaluer, par approximation,
les ressources de l'état, qu'on ne peut le faire par le
moyen indigeste et dérisoire que recommande l'ins-
truction officielle du 9 frimaire an X, (mentionnée
§. 157, pag. 120).

203. — Selon que les élémens de la terre végétale
sont diversement combinés entre eux, le sol se mon-
tre propre à telle production, ou à telle autre. Dans
les bois très-anciens, on remarque qu'à mesure
qu'une essence disparaît, d'autres essences s'impa-
tronisent à leur place, et finissent par y devenir do-
minantes. Les progrès de ce remplacement sont
d'autant plus rapides que l'essence remplacée est
plus vieille. Ce remplacement alternatif et spontané
d'une essence par une autre est un fait incontestable
et d'expérience. Tous les planteurs savent combien
il est difficile d'élever quelque sorte de bois que ce
soit dans une terre qui en a long-temps été fatiguée ;
la résistance qu'on y éprouve est marquée, elle est
rebutante. Il est donc vrai que l'ancienne production
manque de nourriture où la production nouvelle en
trouve une abondante. Faudrait-il appliquer aux
phénomènes de la circulation végétale cet adage si
connu *ab assuetis non fit passio ?*

Le changement des semences ainsi que leur re-
nouvellement est surtout nécessaire dans la culture
des céréales. Il se fait moins visiblement remarquer
dans les bois que partout ailleurs, par la raison toute
simple qu'une altération sensible ne s'y laisse aper-
cevoir qu'aubout d'un grand nombre d'années. Mais
l'ingénieur-forestier suppléera à cette lenteur d'ex-
périence en voyant beaucoup de bois différents,
en les comparant entre eux, et en observant le
degré de facilité que les espèces nouvelles ont à
s'y introduire. *Dans d'anciennes chênaies, il verra
des bouleaux, des coudriers, et d'autres bois blancs
remplir peu à peu les vides.* Il les verra, même,
quelquefois étouffer les rejetons de chêne qui y lan-
guissent encore. Il aura lieu de remarquer aussi que,
par une marche inverse, et dans un terrain long-
temps occupé par des bois blancs, *de jeunes chênes
triompheront de l'ascendant ordinaire que donne à
ces bois blancs la promptitude avec laquelle ils crois-
sent.* Loin qu'ils en soient étouffés, ils s'éleveront à
leur ombre pour s'emparer ensuite de la place. Il
est, enfin, des coudraies dans lesquelles de très-
vieilles cepées de chataignier, et quelques anciens
chênes restent sur pied, comme échantillon des es-
sences qui y dominaient jadis. Dans ce dernier cas
les coudriers, espèce de bois infiniment peu pro-
ductive, n'ont envahi le terrain que, *faute, par le
tréfoncier, d'y avoir introduit une espèce plus profi-*

table. Il faut donc, lorsqu'un taillis commence à dépérir, y favoriser quelques nouvelles espèces choisies parmi celles dont le terrain ne soit pas encore rebuté. L'on doit prendre, pour espèces remplaçantes, celles dont la constitution est de ne pas durer long-temps en place. Le *tremble* et le *bouleau* sont spécialement de cette sorte, parce que leurs racines s'étendent au lieu de s'enfoncer. Nous avons dit que le bois subsiste d'autant plus long-temps que ses racines pénètrent plus avant en terre.

Au reste, le remplacement périodique d'une essence par une autre comporte des exceptions. Par exemple, *il n'a pas lieu pour de très-vieilles futaies qui, depuis long-temps, déjà, sont en train de dépérir.* On conçoit que, dans une futaie déjà avancée sur son retour, les arbres sont dans le cas d'une végétation tellement languissante qu'ils n'ont presque rien à demander à la terre. Ce qu'elle leur fournit, pour entretenir le déclin de leur existence, ils le lui rendent par la chute de leurs feuilles, et *par leur détritus.* Le sol est, alors, dans une espèce de repos pendant lequel ses forces se reparent. *Lors donc que l'on abat de très-vieilles futaies,* on doit éprouver, et l'*on éprouve,* en effet, *peu de résistance pour y rétablir la même sorte de bois.* Par cette raison, l'on ne remarque point qu'il y ait changement d'espèce dans les forêts éloignées des foyers de consommation. Les bois y vieillissent jusqu'à

extinction P. A. D. et la terre qui s'est reposée,
pendant leur long dépérissement se trouve, après
qu'ils sont coupés, en état de reproduire les mêmes
essences.

204. — *Les baliveaux* sont un champ vaste ouvert
aux études, comme aux observations de l'*ingénieur
forestier.* Autant de fois *il en verra de marqués sur
souche*, autant de fois *il devra conclure que ces sou-
ches sont sacrifiées, soit à la paresse, soit à l'impé-
ritie de l'agent local qui a négligé de chercher des
sujets venus de graine.* Dans les terrains *pauvreteux*
où les individus de la sorte sont rares, si même ils.
ne manquent pas tout-à-fait, *il faut n'en point
réserver plutôt qu'en marquer sur souche.* En pres-
crivant d'en réserver 16, par arpent, l'ordonnance
de 1669 n'a pas voulu, elle n'a pas pu vouloir com-
mander la destruction de l'espèce qui était l'objet
de sa sollicitude. Il faut savoir entrer dans l'esprit
de la loi, plutôt que d'en suivre la lettre, *quand
la lettre tue.* On se tiendra donc pour averti que
toute forêt maigre et pauvre, usée autrement qu'à
coupe blanche, et sans aucune réserve de bali-
veaux, (sauf, toutefois, la quantité de jeunes arbres
nécessaire à la production des graines), est une
forêt à l'égard de laquelle *les formes emportent le
fonds,* et *partant* une forêt sacrifiée.

A ce sujet, fesons ressortir ici le désastreux effet
que ne manquera pas de produire l'article 70 de

(169)

l'ordonnance royale du 1ᵉʳ août 1827, en ce qui
touche cette disposition que » *les baliveaux moder-*
» *nes et anciens ne peuvent être abattus qu'autant*
» *qu'ils seront dépérissants , ou hors d'état de pros-*
» *pérer jusqu'à une nouvelle révolution.* » Les ré-
dacteurs de cette ordonnance se seraient expliqués
avec plus de mesure , et d'une manière moins dom-
mageable pour la conservation de l'espèce , s'ils
eussent consulté HARTIG , ce savant oracle forestier,
qui a dit : » Il ne faut laisser croître les baliveaux
» sur taillis qu'à la grosseur nécessaire pour porter
» de la semence , *sans leur donner le temps de pren-*
» *dre trop de surface :* Il faut, en général , laisser
» deux à trois jeunes tiges convenablement espacées
» plutôt qu'un arbre d'une certaine grosseur. Mais
» quand les besoins exigent qu'on élève quelques
» *futaies sur taillie,* on doit choisir, *par arpent ,*
» CINQ A SIX TIGES , AU PLUS , essence de chêne , ou
» autres propres aux constructions, qui soient de
» belle venue et peu garnies de branches. ON DIMI-
» NUERA , *dans la même proportion ,* LE NOMBRE
» DES AUTRES BALIVEAUX , afin de ne point étouffer
» le taillis par leur multiplicité. *Si l'on négligeait*
» *cette précaution ,* et si on laissait exister , en
» même temps, un certain nombre de gros chênes
» avec d'autres arbres épais et branchus , il en
» résulterait, pour le taillis , *un dommage considé-*
« *rable* qui ne ferait qu'augmenter par la suite. »

Cette sage et si précise recommandation d'*Hartig* est le diamètralement opposé de ce qu'à prescrit trop généralement l'ordonnance de 1669, et de ce que persiste à vouloir le nouveau *Code-forestier*, à la grande surprise des bons patriciens. Ce code, au reste, n'est pas ce qu'il pourrait et devrait être, soit dit en passant (*).

205. — Si, dans le cours de ses opérations géodésiques, l'*ingénieur-forestier* remarque, dans un même climat, dans un même cantonnement, des différences dans l'aspect des baliveaux entre eux, *à parité d'âge, bien entendu,* il attribuera cette différence aux variantes du sol qui n'est pas constamment uniforme dans tous les parages. Il devra, dès-lors, et seulement pour la contrée que suppose notre hypothèse, régler l'âge des coupes à la demande de la plus mauvaise veine de terre. Si, d'un terrain moins bon,

---

(*) **M. DUPIN** à qui l'on doit la meilleure et la plus complète édition de ce code, dit, dans son introduction (§. 4) : » **A** ces observations qui laissent clairement entrevoir qu'il manque quelque
» chose au code, DANS LE FOND MÊME DE SES DISPOSITIONS, j'ajouterai,
» quant au style dans lequel il est rédigé, que *ce style est incomparablement moins pur et moins correct qne celui des autres codes français. On n'y rencontre pas toujours les termes techniques de la matière forestière, ni même ceux de la législation. On y trouve des constructions lourdes et embarrassées.* On y remarque, enfin, *des défauts de rédaction* qui, lorsqu'un projet de loi en est une fois entaché, ne peuvent guères se corriger dans une discussion publique. »

l'on prétendait obtenir les mêmes productions, et de la marchandise aussi grosse, que d'un terrain meilleur et plus fécond, on ne manquerait pas de voir, *tôt ou tard*, se convertir en vagues, et se dépeupler successivement, la superficie de ce sol à la nature duquel l'âge se trouverait mal assorti.

206. — Avant qu'il soit procédé à l'adjudication des coupes, il faut être bien fixé sur ce qu'elles peuvent produire de marchandises diverses. L'usage a appris aux *conduiseurs*, ainsi qu'aux *marchands-ventiers*, à évaluer les bois sur pied, en comparant, *de mémoire*, ceux qu'ils visitent, avec ceux qu'ils ont fait exploiter antérieurement. Mais, ces comparaisons de choses, éloignées de temps et de lieux, sont presque toujours infidèles, tant il est difficile de conserver une idée assez fraîche, et assez précise de ce que l'on a vu, pour le comparer avec ce qu'on voit. *Aussi sur vingt estimations faites, d'un même objet, par le moyen dont nous venons de parler, n'y en a-t-il pas deux qui soient concordantes entre elles.* C'est donc autrement que par des aperçus, et par des réminiscences que l'on doit procéder à l'évaluation des bois sur pied. Sur cet article du métier, *des ingénieurs-forestiers* sauront toujours se faire *des méthodes*, et *des règles de précision*, comme ils savent s'en faire pour tant d'autres choses. Quant au *commun des martyrs*, ceux des agens forestiers

qui en font partie pourront consulter une espèce de barême, publié dans le temps, par Chaillou, *ancien directeur des aménagemens des forêts royales.* Mais quand il s'agit, comme aujourd'hui, de baser la mise à prix des 3oo,ooo hectares de forêt dont l'aliénation, par fonds et superficie est récemment ouverte, *ce n'est pas parmi des novices,* ce n'est pas dans une cathégorie *d'hommes à comptes faits* qu'il faut choisir les arbitres de notre avenir financier (*).

(*) La matière est si grave, à notre avis, qu'à la date du 3o avril 1831, nous avons cru devoir soumettre, à ce sujet, quelques observations à M. *le baron* Louis, ministre secrétaire d'état, an département des finances. Voici ce que nous eûmes l'honneur de lui écrire sur cela.

» *Je prends la liberté respectueuse de soumettre au jugement de* » *votre excellence des considérations d'ordre et d'intérêt public sur* » *l'aliénation, par fonds et superficie, de 3oo,ooo hectares de nos* » *forêts.*

» Plus il est douloureux, pour le pays, de voir procéder à cette » aliénation, plus aussi, sans doute, votre qualité de suprême ré- » gulateur vous fera veiller de près aux principaux détails de l'o- » pération. Vous sentirez donc, monseigneur, combien il est de » haute convenance que l'estimation des bois à vendre soit traitée » avec autant de lumières que de soins et de discernement. Je me » persuade que sur une matière aussi délicate, votre excellence a » bien étudié sa plus intime conviction; mais, monseigneur, votre » conscience est une lanterne sourde qui n'éclaire que vous, et ce » n'est point assez, peut-être. Je crains donc que vous ne vous » prépariez des regrets ultérieurs, en confiant, à des mains neuves » et mal habiles, le grand œuvre des estimations, ainsi que vous » avez cru pouvoir le faire, *parce que vous avez pris le nom pour* » *la chose, et les apparences pour la réalité.* — Quand nos fores-

(173)

207. — Dans l'intérêt des consommateurs, et pour leur instruction, nous articulerons ici quelques faits d'observation et d'expérience.

» tiers ont accepté le mandat qu'ils tiennent de votre haute con-
» fiance; quand ils ont assumé sur eux la responsabilité morale
» qu'entraîne ce mandat, ont-ils assez consulté leurs forces? Je ne
» saurais le croire. Tous, ils sont également remplis de *bon vouloir*,
» mais il est clair comme le jour qu'ils n'ont ni l'aptitude, ni
» l'expérience, ni le *savoir faire* impérieusement exigés par la
» nature du travail.

» J'oserai vous dire, MONSEIGNEUR, que vos estimateurs de-
» vraient être choisis, dans chaque localité, non parmi des hom-
» mes novices, mais parmi des hommes accoutumés, de longue
» main, à ce genre d'affaires ; parmi les experts accrédités auprès
» des tribunaux. Par tout autre moyen que celui sur lequel je me
» permets de fixer votre attention, il y a mille à parier contre un
» que l'aliénation sera *sans profit pour l'état*, comme *sans gloire
» pour votre excellence*, et qu'en définitive, ses résultats devien-
» dront, très-vraisemblablement, matière à de mauvaises plaisan-
» teries, comme il est arrivé des aliénations déjà consommées,
» en vertu de la loi du 25 mars 1817, au taux réduit et ruineux
» de 740 francs l'hectare.

» Vous savez, depuis fort long-temps, MONSEIGNEUR, combien
» je suis identifié avec la science forestière ; vous savez combien
» les grands travaux forestiers me sont habituels. Souffrez que je
» m'en explique aujourd'hui avec la même énergie de conviction,
» avec la même franchise d'âme, que je le fesais, il y a 44 ans,
» alors que vous n'étiez encore à mes yeux que le tout aimable
» *abbé Louis*, *pourvu du petit prieuré de Saint-Etienne*, à
» *Beaugency*. Veuillez donc bien, Monseigneur, voir dans les
» réflexions que je soumets à votre excellence un nouveau gage de
» l'intérêt que m'a toujours inspiré votre personne, et que je ne
» cesserai de prendre à vos succès, comme homme public. »

Par exemple :

1° Une buche ronde est comparable à un cylindre. Or *les cylindres sont, entre-eux, comme les carrés de leurs circonférences*. Ainsi le rapport d'une buche d'un pied de tour, à une autre buche de deux pieds de tour, *à longueurs égales*, est dans la raison d'*un à quatre*. En d'autres termes, *une buche de deux pieds de tour en vaut quatre d'un pied* ; de même qu'*une buche de trois pieds de tour, en vaut neuf d'un pied*.

2° La voie de bois, *de Paris*, mesurée dans une membrure ayant 4 *pieds de couche, sur* 4 *pieds de hauteur*, contiendrait, à très-peu de chose près, 155 *buches de* 12 *pouces de tour*, si ces buches étaient parfaitement rondes et parfaitement droites ; mais, comme elles ne sont ni bien droites, ni bien rondes, il ne s'y en trouve que 125 ; *ce qui fait, au préjudice du consommateur, un déficit de* 20 *à* 25 pour %.

3° Le bois est si mal arrangé dans les cordes que dressent les bucherons, *sur le sol des ventes en exploitation*, qu'elles ne cubent pas, à beaucoup près, ce qu'elles doivent cuber, *encore bien que leurs dimensions extérieures soient ce qu'elles doivent être*. Nous en avons souvent fait recorder, et arranger, comme il convenait qu'elles le fussent. Elles se sont, alors, trouvées n'avoir que 2 *pieds* 8 *pouces, de hauteur, au lieu de* 4 *pieds qu'elles devaient avoir*. Elles ne représentaient, calcul fait, que 166 *buches* + 1/3, *de 12 pouces de tour, au lieu d'en représenter* 250 , ainsi que cela devait être : *il y avait, dès lors, un déficit de 33 pour* $^0/_0$. En régle générale, plus le bois a de longueur, *quand il n'est pas droit*, et moins bien il se corde.

4° La longueur de la buche varie, depuis *deux pieds deux pouces* jusqu'à *quatre pieds, et même au de là*, en raison des localités. *En ce qui touche les dimensions de la corde, il n'y a uniformité ni dans sa couche, ni dans sa hauteur.* Le nouveau système métrique lui a substitué *le stère* ; néanmoins *elle est encore usitée dans plusieurs régions, notamment dans celles de l'ouest*, avec les variantes ci-après :

COUCHES.		HAUTEURS.		LONGUEURS.	
PIEDS.	POUCES.	PIEDS.	POUCES.	PIEDS.	POUCES.
6	6	3	6	3	6
8	3	5	»	3	6
8	»	4	»	2	6
8	»	4	»	3	6
8	»	5	2	3	6
16	»	3	»	3	6

5° Dans une corde de 8 *pieds de couche sur quatre pieds de hauteur*, il y a 444 *brins de 6 à 8 pouces de tour*. En bois *de 6 pouces de tour, et au-dessous*, il y en a 100 *brins de plus*, C. A. D. 544 *brins.*

6° Plus le bois à bruler est menu, moins cher on doit le payer, parce qu'il est moins dur, et parce que son enveloppe corticale est beaucoup plus épaisse que celle du bois plus gros, *proportions gardées* (*).

208. — *Par la forme, et par l'aspect des bali-veaux*, dix ans, environ, après l'exploitation de la vente sur laquelle ils sont complantés, l'*ingénieur forestier* connaîtra si le taillis a été, ou non, coupé au delà de l'âge convenable. S'ils sont vigoureux, et bien élancés, il n'y a point à craindre que le fonds ait souffert, ni que l'usance des taillis ait été mal entendue. Il y aura lieu de penser le contraire, si leurs premières branches sont épatées ; si elles s'é-loignent du corps de l'arbre; si elles contractent la forme d'*éventail*, et si elles prennent beaucoup de force, tandis que la cime de l'arbre ne profite pas dans la même proportion. Si, outre ces symptômes, les bourgeons sont paresseux à s'élever, il y a lieu de présager le prochain dépérissement des baliveaux qui ne tarderont pas à se couronner, et dont la sommité

(*) Les consommateurs trouveront, sur les qualités relatives des bois de chauffage ; sur les pesanteurs comparatives de leurs essences diverses ; sur leur carbonisation, leur durée, et le calorique qui s'en dégage, les notions les plus précises et les plus curieuses à la fois, dans l'ouvrage ayant pour titre : » EXPÉRIENCES PHYSIQUES *sur* » *les rapports de combustibilité des bois entre eux* ; par *Hartig*, » traduit de l'allemand, par M. *Baudrillart.* »

se desséchera d'autant plus vite que se nourriront de mieux en mieux les branches gourmandes dont nous venons de parler. *La masse, l'ensemble des baliveaux peut donc être considéré comme un réper-toire instructif, et qui révèle beaucoup de choses à qui sait le consulter, avons-nous dit* §. 204.

209. — Lorsqu'au moyen de la méthode analyti-que, et de la marche que nous venons d'indiquer, *l'ingénieur* aura acquis une suffisante connaissance de la forêt à aménager, il aura à classer *les triages* auxquels pourront se prêter les nuances diverses de productibilité.

Par *triage* il faut entendre un massif de bois planté sur un terrain de qualité uniforme, homo-gène, et capable de porter *sur toute son étendue* des bois qui puissent être coupés au même âge. Par les motifs que nous avons déduits (§. 125) on aura soin de couper les bois de chaque triage plutôt un peu au-dessous qu'un peu au-dessus de l'âge qu'ils peu-vent atteindre.

210. — *L'ingénieur-forestier* connaîtra si le bois est plus ou moins proche de sa maturité en statuant sur cette règle générale que *le bois est à son nec plus ultrà de croissance quand un volume quelconque, un décimètre cube, par exemple, coupé à l'extrémité supérieure du tronc, sera, à peu près égal, en den-sité et en pesanteur, avec le même cube coupé au*

pied du même arbre. Cette expérience soigneuse-
ment faite est la *pierre de touche* de la maturité, ou
de la non maturité du bois : *C'est-elle qui décide si le
moment est venu ou non de l'exploiter.* Or, dans
tout ce qui a été fait de *soi-disant réformations, de
soi-disant aménagemens,* du passé jusqu'à ce jour,
jamais, que nous sachions, cet indicateur infaillible
de la maturité des bois n'a été consulté. *Tous les
grands naturalistes qui ont traité cette matière ont
prêché dans le désert.* L'unanimité de leurs précep-
tes, l'autorité de leur *savoir,* et leurs lumineuses ex-
périences n'ont pas empêché les forêts du royaume
de subir annuellement une dépopulation foncière de
13,223 hectares, et que le trésor n'ait à perdre,
annuellement aussi, 6,545,385 francs de rente,
ainsi que nous l'avons établi (*avant-propos*). *C'est
à l'aide d'améliorations spécieuses que l'on dété-
riore,* a dit *Oxenstiern.* De véritables, de sérieuses
améliorations, des améliorations qui aient porté
leur fruit *n'ont jamais été faites, à quelque date
qu'on se reporte.* Elles ont été impossibles, et *elles
le seront toujours dans une sphère de conceptions
décousues ;* dans un apathique et froid système où,
*semblable au cheval de la statue équestre de notre
Béarnais,* on a toujours le pied levé sans avancer
jamais. Peut-être nous reprochera-t-on de revenir
trop souvent à la charge : L'importance et la gravité
du sujet nous y entraînent malgré nous! *faut-il donc*

attendre que la foudre éclate, *pour poser un para-
tonnerre sur l'édifice qu'elle va frapper ?* On ne
saurait trop insister, ce semble ; on ne saurait trop
répéter de tristes et fâcheuses vérités si souvent, et
depuis si long-temps reproduites, sous toutes les
formes, par des savants du premier ordre, *sans que
l'on ait encore eu la conscience de les accueillir*,
quelqu'urgent qu'il soit de les prendre en consi-
dération.

211. — Nous allons admettre, comme hypothèse,
que la forêt à aménager se prêtera à ce qu'il y soit
établi quatre triages qui devront être coupés à *vingt,
vingt-cinq, trente et trente-cinq* ans d'âge. *L'ingé-
nieur-forestier* en tracera, *grosso modo*, la circons-
cription à travers la broussaille. Des brisées pro-
visoires indiqueront la délimitation des triages entre
eux. Il en sera levé un plan particulier à rapporter,
et à placer *temporairement* sur le plan-minute. Une
fois que l'œil pourra saisir l'ensemble général, *l'in-
génieur-forestier* pourra, jusqu'à un certain point,
en régulariser le périmètre, et diminuer, *par des
lignes de compensation*, le nombre des côtés de ce
vaste polygône. En leur donnant une forme moins
irrégulière et moins zig-zag, *l'ingénieur* devra, *s'il
y a lieu, abandonner au triage destiné à vingt ans
d'âge quelques rognures des bois qui doivent être
coupés à vingt-cinq, et même à trente ans, plutôt*

que de faire entrer dans les triages de trente, ou de vingt-cinq ans, la moindre partie de ceux qui ne peuvent en accepter que vingt, et cela par les motifs déduits (§. 116). Enfin, ces triages seront séparés entre eux par des routes de largeur convenable. Elles seront mal régulières, *il faut s'y attendre*; elles n'auront ni le coup-d'œil, ni l'effet symétrique des routes de parade: mais elles seront commandées par la convenance de séparer irrévocablement les triages entre eux, et d'éviter la confusion des coupes de l'un avec les coupes de l'autre. A ces routes périmètrales, qui formeront des solutions de continuité, en cas d'incendie, il en faudra joindre d'autres dirigées de manière à communiquer d'un lieu à l'autre; pour servir à l'extraction des bois, pour assainir le terrain, etc., etc., etc.

Un mot, en passant, sur l'ouverture de ces routes.

212. Il ne s'agit plus ici de rapporter sur le papier des angles mesurés sur le terrain; il s'agira, au contraire d'*ouvrir sur le terrain des angles projetés sur la carte.*

Si la brisée ouverte sur le terrain, pour y tracer une route nouvelle, n'arrive pas du premier jet à son point de destination (elle doit y arriver, *géométriquement parlant*), si pourtant elle n'y arrivait pas, soit à cause de la dilatation des métaux, soit à cause des imperfections de la main, il faudrait se redresser par une seconde ligne construite sur des proportions dont *le total de la ligne manquée sera le* PREMIER TERME; dont le SECOND TERME sera *la distance prise de l'extrémité de cette ligne au point d'arrivée qu'on s'était proposé;* et dont les TROISIÈMES TERMES feront *des longueurs partielles quelconques, et à volonté, successivement mesurées sur la ligne manquée.* En répétant, *de distance en distance, des proportions calquées sur cette formule*, on aura, *sur la ligne cherchée*, autant de points parfaitement bien alignés entre eux qu'on aura fait de proportions : on tombera donc sur le point cherché, sans plus ni moins. *Cette formule est appuyée sur la théorie des triangles semblables dont les côtés homologues sont toujours proportionnels entre eux.*

213. — Après avoir tracé sur le terrain les routes projetées, au moyen de laies parallèles, il faudra procéder à l'inventaire des bois sur pied, et les distinguer entre eux *par classes d'âges*, de manière à savoir combien, dans chaque triage, il se trouve y avoir de bois de tels et tels âges.

214. — Il y aura, ensuite, à diviser la contenance des triages par l'âge auquel chacun d'eux devra être usé, *afin de connaître le nombre d'arpens qu'il y aura à couper par exercice;* et aussi, afin de pouvoir se déterminer à diviser, pour chacun, cette quantité annuelle en deux, en trois, en quatre ventes, ou plus s'il y a lieu, *à l'effet d'asseoir ces*

ventes dans des régions diverses , autant éloignées que possible les unes des autres, dans la vue de faciliter le débit , et de répartir l'approvisionnement de la manière la plus avantageuse au bien du service.

215. — Après avoir fait toutes les dispositions que nous venons de spécifier, l'*ingénieur* abordera les questions de finance. A ce sujet , il devra se pénétrer d'une vérité qui est sacramentelle dans l'espèce ; nous voulons dire qu'il ne s'agit point exclusivement ici des besoins du moment , *non plus que d'un intérêt purement pécuniaire.* Il y va de l'intérêt beaucoup plus noble , et beaucoup plus élevé de la *bien-tenue*, de la *vitalité permanente de la forêt* dont il devra se considérer comme étant personnellement et religieusement responsable. *Plus ou moins d'argent, le produit annuel plus ou moins élevé , ne sont que des accessoires dont la conservation de l'espèce, dont le culte des forêts est l'objet principal et sacré.* Sans doute il faut pourvoir aussi largement que possible aux besoins actuels, mais *ce ne doit jamais être au préjudice de ce que nous devons aux races futures ;* il faut les compter pour quelque chose. *La perpétuité des approvisionnemens de notre marine ,* L'HONNEUR DU PAVILLON FRANÇAIS ne doivent être compromis par aucune imprévoyance. Un *ingénieur-forestier* fort du sentiment de ses devoirs et pénétré de l'his-

toire déplorable de nos forêts, un *ingénieur fores-tier*, armé de la publicité, luttera toujours *avec gloire, si ce n'est avec succès*, contre tout ministère qui trahirait la confiance du monarque, et les inté-rêts du pays, jusqu'à empiéter sur les besoins de l'avenir.

216. — Les calculs de finance d'une forêt recon-naissent, pour élémens, *des termes de comparaison*. Ces termes de comparaison doivent ressortir du rapprochement qu'il faudra faire de ses anciennes usances avec le nouveau mouvement qui va lui être imprimé. Le dépouillement des adjudications an-nuelles, pendant les deux dernières révolutions de coupes, et le prix de chaque coupe durant cette longue période de temps meneront à la connaissance du *revenu sommé*, d'où l'on concluera celui de l'an-née commune.

217. — Des recherches qu'aura faites l'*ingénieur* pour connaître le produit de la forêt totale, il dé-duira la spécialité du produit partiel et local de telle ou telle contrée, de tel ou tel climat, et notamment des terrains dont se composent les triages récem-ment déterminés. De ces revenus locaux, il déduira *la valeur locale des feuilles*. Par le prix de la feuille dans un triage, *comparé avec le prix de la feuille dans un autre triage*, il connaîtra le rapport de

productibilité de l'un avec l'autre. *Il saura donc dans quelle mesure le terrain de l'un est plus ou moins productif que celui de l'autre.* Il saura, par conséquent, selon quelles proportions chacun des nouveaux triages, *isolément considéré*, diffère du total général de la forêt prise en masse. Enfin, *puisqu'ou peut arbitrer les masses, comparativement entre elles, l'ingénieur* saura définir et se rendre compte de la valeur intrinséque, ou relative, de telle ou telle vente de la nouvelle nomenclature, *puisque ce sont les ventes qui sont les facteurs élémentaires de toutes ces proportionnalités.* En substance, l'esprit de méthode et d'analyse doit embrasser, *dans la carrière que nous définissons*, tout ce qui peut conduire à VOIR LE FONDS DES CHOSES ; *tout ce qui peut procurer des améliorations fondées sur les vrais principes de la science.*

218. — Ainsi que nous l'avons dit, on a dû inscrire sur le plan, vente par vente, l'*âge de tous les bois sur pied*. De ces bois de différents âges, il sera composé des masses distinctes dont la classification sera ci-après désignée. On aura à faire, sur les lieux, l'estimation de ces bois sur pied, *âge par âge, climat par climat*, tellement qu'en définitive et de proche en proche, *l'ingénieur-forestier connaîtra la valeur métallique de la surface boisée telle*

*qu'elle se poursuit et comporte, et dans son état
actuel (*).*

219.—Quand le travail en sera là, les *triages* seront
à partager en *ventes*. Par exemple, et toujours en
raisonnant par hypothèse, sauf les applications
ultérieures, tel triage qui contiendra 1,200 hectares,
et qui devra être exploité à vingt ans d'âge, sera
divisé par ventes de 15 hectares. Ainsi 1200 *hecta-
res de contenance, divisés par 20 ans d'âge, donne-
ront à couper, par an, 60 hectares, C. A. D.
4 ventes de 15 hectares chacune.* Il faudra donc que
le triage entier contenant 1200 hectares soit consi-
déré comme étant lui-même partagé en quatre mas-
sifs de 300 hectares dans chacun desquels on cou-

(*) Ce sont des données de la sorte qu'il faudrait pouvoir pro-
duire aujord'hui! C'est au moment critique où l'on vend 300,000
hectares de nos forêts, pour faire face aux besoins d'urgence, qu'il
serait précieux de voir clair *dans une spéculation aussi délicate,
et d'une aussi grave conséquence pour le pays.* Sur une foule de
documens et de considérations accessoires, *l'administration fores-
tière sera consultée par le ministre des finances,* cela ne saurait être
douteux ; mais, *que pourra, que saura répondre cette administra-
tion ? quel véridique état de situation est-elle en mesure de produire
sur quoi l'on puisse statuer en sûreté de conscience, en suffisante
connaissance de cause ? est-elle en position de faire que la chance
des vendeurs soit aussi bien éclairée que celle des acheteurs ?* Est-
elle en état d'estimer les bois à vendre? Elle en est chargée,
pourtant !!!

pc•a , par an, une vente de 15 hectares. Ces massifs, nous les appellerons *numérations, ou séries*, dont chacune sera composée de 20 ventes, puisque le massif doit être usé dans une période de 20 ans. Cette sous-division des *triages par numérations et des numérations par coupes*, ne manquera pas de fournir de nouveaux termes de comparaison dont les résultats devront concorder avec ceux déjà obtenus, et qui devront en confirmer la justesse.

220. — Ce n'est qu'après avoir soumis le travail progressif à l'ordre, et à la méthode que nous venons d'exposer ; ce n'est qu'après avoir successivement parcouru tous les points du cercle que nous venons de décrire ; ce n'est, enfin, qu'alors que, de son cabinet, l'*ingénieur* pourra planer sur *la forêt à réformer*, pour en résoudre toutes les *inconnues* , qu'il devra procéder à la *division par coupes sur le terrain* ; division qui ne sera que l'accomplissement purement matériel, qui ne sera que l'*exécution main-d'œuvre* des projets antérieurement conçus, élaborés et muris par l'*ingénieur-forestier*, le seul qui soit, en réalité, *l'homme de la chose*.

221. — Le *tracé* sur le terrain de la division par coupes offre le moyen tout naturel d'apprécier avec exactitude la justesse des notions, et des *données* d'après lesquels on s'est déterminé *pour tels âges*

plutôt que pour tels autres. Par exemple, *la garderie du Chaumontois* dont nous avons dit, *avant-propos,* avoir augmenté le revenu annuel de 86,761 francs, *est composée de* 400 *ventes qui sont séparées entre elles par des fossés ouverts à chacun des angles de leur périmètre.* A ce compte, 400 ventes ont offert à notre examen 1600 traits de fossés, au moins. 1600 *fois donc* nous avons mentionné, sur notre plan minute, les épaisseurs et la nature des couches de terre, jusqu'à trois pieds de bas. 1600 *fois* nous y avons annotté de quels végétaux le sol est recouvert, parce que, de sa production spontanée un naturaliste conclut sa valeur, et ses propriétés relatives ; c'est ainsi qu'un terrain herbeux où se montre *le houx,* vaut mieux que celui où l'on ne voit que de la *bruyère.* 1600 *fois* nous y avons inscrit l'essence et la qualité du bois en *chêne, charme, bouleau,* etc. 1600 *fois* nous y avons coté les divers âges de baliveaux, leur constitution, leur lancis, et leur degré de valeur, car souvent il arrive que les arbres de *tel âge* sont bien venant *quand ceux d'un âge plus avancé* sont stationnaires, et quelquefois, même, dépérissants. Or, la parfaite concordance de ces annotations diverses avec nos données antérieures nous a fait conclure, *à priori*, que nous arriverions infailliblement au double résultat de la régénération de l'espèce, et d'une augmentation annuelle et permanente de *trois cent pour cent*, dans le revenu.

222. — Il va sans dire que, dans une réorganisation sur des bases toutes nouvelles, les coupes discordantes de la précédente révolution viendront croiser la division récente, par des polygones accidentels plus ou moins irréguliers, ainsi que par des bois plus ou moins disparates d'âge et de qualité ; *on aura dû s'y attendre, c'est chose inévitable.* Mais l'*ingénieur*, par son esprit de méthode et de combinaison, éliminera tous ces disparates qui, d'ailleurs, *ne sont que temporaires* ; il les fera se compenser entre eux ; il saura les mettre en harmonie avec le nouvel ordre de choses dont il sera le créateur.

223. — Il aura à supputer *combien*, dans chaque *numération, ou série*, il sera entré de *bourgeons d'un petit nombre de feuilles ; combien de bois de moyen âge ; et combien de grands bois.* C'est en conséquence de ses données, sur cela, qu'il régularisera ses numérations, et qu'il les fera marcher. Chacune de ces numérations doit être organisée en telle sorte que les bourgeons s'y suivent, et que les bois d'âges subséquents s'y suivent de même. *L'ingénieur-forestier,* par les procédés de son intelligence, fera le classement de ces bois jeunes, vieux, et d'âges intermédiaires *de manière à ce qu'une sorte ne se croise point avec une autre sorte dans l'arrangement définitif des coupes dont les séries devront être combinées de sorte à placer en tête de la révolution commençante tous les bois anciens dont les*

plus vieux seront à user les premiers, et ainsi de proche en proche, par ordre d'âges, tellement que les plus jeunes n'ayent à venir en tour qu'à la fin de ladite révolution.

224. — S'il arrivait que les unes ou les autres des numérations surabondassent en vieux bois, il faudrait en accélérer la coupe; il faudrait les exploiter *par extraordinaire*, afin qu'au terme de la révolution, lesdits bois se trouvent avoir l'âge requis pour être abattus *à tour-venant*.

225. — Ici l'ordre du travail appellera le bornage des ventes. Chaque vente devra être désignée sur place, *par triage et par coupe*, d'une manière correspondante au plan. Dans beaucoup de pays où la pierre manque, on aura à y suppléer par des fossés; car sans une démarcation écrite sur le terrain, d'une façon *indélébile et permanente*, le désordre et l'intervertissement des coupes ne manqueraient pas de s'introduire bientôt, *ainsi que cela est arrivé, ainsi que cela subsiste encore très-vraisemblablement dans beaucoup de nos forêts*, sans qu'aujourd'hui l'on soit plus capable et plus en mesure de s'en apercevoir que ne l'ont fait les trente-quatre officiers de la maîtrise d'Orléans qui n'ont su ni prévoir, ni arrêter la confusion que nous avons signalée (§. 152), confusion scandaleuse dont eux-mêmes ont été les fauteurs involontaires.

226. — Préalablement au *lever* du plan général, il faudra procéder au bornage de la forêt, *contradictoirement avec les propriétaires riverains.* Tous les héritages adjacents à son périmètre devront être figurés sur ce plan. Leur contenance y sera mentionnée, et il leur sera attribué des numéros d'ordre à l'aide desquels il sera dressé un état de situation accompagné de toutes les notes dont sera reconnue susceptible cette matière litigieuse de sa nature. Il sera dressé procès-verbal de cette opération. Ce procès-verbal sera une garantie réciproque *pour la forêt par rapport aux riverains*, ainsi que *pour les riverains par rapport à la forêt.*

227. — Il y a telles provinces où de grands tenanciers ont des bois entremêlés soit avec les bois d'autres propriétaires, soit avec les bois de l'état. En pareil cas, des échanges peuvent convenir aux deux parties, et donner à leurs propriétés respectives une connéxion qui leur manquerait sans cela. *La forêt d'Orléans où, sur une foule de points, les bois de l'état sont entre-coupés par ceux de l'apanage, se trouve très spécialement dans le cas dont nous parlons. L'ingénieur-forestier* fera, d'un semblable état de choses, s'il vient à se présenter à lui, l'objet d'un rapport dans lequel il exposera clairement les avantages que les parties intéressées auraient à retirer des échanges indiqués par la situation des

lieux. Ces échanges devront toujours être basés à la fois *sur une convenance réciproque, et sur une conscencieuse équivalence.* Ils devront avoir pour résultat de substituer à des parties isolées entre elles *un tout-ensemble* plus facile à surveiller par les gardes, et moins pénible à élaborer par les autres préposés de l'administration.

228. — Jusqu'à ce jour, les réformateurs et les manipulateurs de forêts, sous quelque dénomination que ce soit, ont enfoui leurs opérations dans des greffes, ou dans des archives. Toujours ces opérations ont été comme couvertes d'un voile mystérieux que les agens accrédités semblent avoir seuls le droit de soulever. Or, *la foresterie*, telle que nous l'entendons, ne comporte point cette discrétion méticuleuse. La marche d'une réformation et d'un aménagement doit être franche : *Le mode et les filières doivent en être accessibles à tous les yeux connaisseurs.* Nous pensons donc que des cartes gravées, et que des tableaux synoptiques doivent exposer à tous les regards le travail ayant pour objet la restauration de nos bois. Ce sont des monumens; *Ce sont des pièces de comparaison entre le passé, le présent et l'avenir.* C'est à cette occasion, surtout, que la publicité est une garantie, une sauve-garde contre le progressif intervertissement du nouvel ordre établi, et contre les atteintes que pourrait lui

porter le *non-savoir*. La gravure portative d'une forêt, et de son aménagement, est le *veni mecum* de toutes les parties intéressées.

229. — Souvent des routes que l'on vient d'ouvrir, pour l'extraction des bois, sont rendues impraticables par des escarpemens, par des fondrières, par la mobilité du sol, par des cours d'eau, etc. On obvie à ces inconvéniens par des travaux de *terrasse*, par des ponts en bois brut, ou en pierre, par des *couloirs* en pierres sèches, ou par des *cassis*. Il faut des rigoles pour éconduire les eaux; il faut régler les pentes, et pratiquer des desséchemens préservateurs des gelées. La circonscription de la forêt, le périmètre de ses triages, celui de chaque série de coupes, celui des coupes partielles elles-mêmes demandent des cours de fossoyemens qui parlent à l'intelligence : enfin, chaque localité comportera ses besoins particuliers. *L'ingénieur-forestier* saura les comprendre, et faire, selon l'occurrence, *nivellemens, profils, devis, détails-estimatifs, cahiers de charges*, etc., etc., etc. En un mot, l'*ingénieur-forestier* fera, dans tout et partout, *concorder les conséquences avec les principes* : il fera toutes choses qui semblent n'avoir pas encore été comprises, ou, du moins qui n'ont pas été pratiquées jusqu'à ce jour, *si ce n'est en apparence.*

CHAPITRE X.

APPLICATION AU TERRAIN DE LA THÉORIE DÉVELOPPÉE DANS CET OUVRAGE. *La Forêt de Montargis* PRISE POUR EXEMPLE.

Nous venons d'exposer la théorie des aménagemens pris dans l'acception qui nous semble devoir leur appartenir : il nous reste à faire l'application de cette théorie. *La forêt de Montargis* va nous servir de prototype.

230. — L'autorité supérieure, C. A. D., *le conseil du prince apanagé* qui nous mit à l'œuvre, dans cette forêt, ne connaissait ni les vices de son administration proprement dite, ni les *données* que pouvait fournir l'examen de sa situation intérieure. Dès lors cette autorité, d'ailleurs, *si capable et si pourvue de la plus rare intelligence*, fut hors de mesure de nous donner des ordres compétens. *Nous nous interrogeâmes donc nous même sur ce que nous avions à faire.* Nous allons dire quelle route nous nous sommes tracée, et quels résultats nous avons obtenus.

231. — En levant le plan de cette forêt, que nous trouvâmes contenir 8176 arpens 95 perches,

nous eûmes occasion de la parcourir en tous sens ; de la voir dans ses détails les plus intimes ; d'étudier les variantes de son sol ; de bien examiner ses bois sur pied ; en un mot, de nous livrer avec la plus scrupuleuse attention au corps de recherches dont nous avons donné, ci-devant, l'aperçu.

232. — En recherchant, *au greffe de la maîtrise*, la date des usances des taillis ; puis, en rapprochant ces dates diverses du nombre des cercles ligneux, *en tant qu'ils sont indicateurs de l'âge du bois*, nous remarquâmes une étrange discordance entre ces deux sortes de renseignemens. Ce défaut d'accord nous fit reconnaître que, pendant plusieurs années, il y avait eu *nullité de production*. Nous dûmes attribuer cette nullité de production à un refus temporaire de la nature, *à une sorte de repos qu'elle avait eu besoin de prendre*. Par exemple, si une coupe usée en 1720 portait, en 1790, des gaulis qui ne témoignaient que *soixante cercles ligneux*, *malgré qu'ils eussent soixante-dix ans de date*, nous devions en conclure que les souches, au lieu d'avoir poussé de nouveaux rejets *dès 1720, année de leur exploitation*, n'avaient repris leur travail qu'en 1730, et qu'elles étaient restées oisives *pendant dix ans*. Nous remarquâmes, en outre, que le nombre de ces années nulles, et perdues pour le revenu, n'était pas constamment le même : nous

reconnûmes qu'il variait *suivant les divers fonds, et selon qu'ils étaient plus ou moins accessibles à la gelée.*

233. — Sur l'échelle du plan que nous venions de lever, nous construisîmes les figures morcellées et séparées de toutes les coupes adjugées *depuis quatre-vingt ans.* Nous nous étions procuré ces figures au greffe où elles sont régulièrement déposées par l'arpenteur en exercice. Ensuite, aidé des actes d'adjudications, et de beaucoup d'autres renseignemens puisés à la même source, nous entreprîmes d'asseoir sur notre plan, *par super-position*, *et chacune à sa place*, toutes ces figures de coupes anciennes. Nous inscrivîmes, dans chacune, l'année de sa dernière usance, et nous connûmes ainsi l'âge qu'elles avaient réellement alors.

234. — Il nous devint facile, en procédant ainsi, de voir à découvert tout le désordre qui s'était introduit dans le service. La désorganisation dont les effets se fesaient vivement sentir nous fut expliquée : nous reconnûmes une subversion qui datait de fort loin, et dont la maîtrise, *parfaitement bien composée, d'ailleurs*, ne se doutait pas le moins du monde.

235. — En examinant, *climat par climat*, les bois sur pied ; *en les comparant les uns aux autres ;* en rapprochant leur hauteur, leur grosseur et leur physionomie, de l'âge que nous indiquait le nombre de leurs cercles concentriques, il nous fut facile

de pénétrer les raisons locales du désordre qui se déroulait à nos yeux. Dans les bois venus sur souche, nous observions quelle essence se reproduisait la plus grosse, la mieux filée, la plus garnie du pied. De toutes ces remarques soigneusement annotées, de tous ces termes de comparaison, il ressortit la preuve évidente et complète *de la perte, de la nullité de huit à dix années de repos après l'exploitation.* Nous nous occupâmes donc de remédier au mal ; de calmer le travail outré des souches, et d'utiliser les années perdues *pour la végétation, ainsi que pour le revenu.*

236. — Quelque certain que nous fussions de la gravité du mal, nous crûmes devoir en chercher une nouvelle démonstration par surabondance à celle que, déjà, nous avions obtenue. A cet effet, nous rétrogradâmes vers le passé, et nous fûmes curieux de savoir où pourrait nous conduire l'analyse des trois dernières révolutions de coupes.

Une vente coupée dans l'année A (*expression d'une première révolution*): La même vente exploitée dans l'année B (*expression d'une seconde révolution*) : la même vente, enfin, exploitée dans l'année C (*expression d'une troisième révolution*): cette vente, disons-nous, portait *des baliveaux réservés à chacune des trois exploitations.* Or, après avoir cherché, dans les archives, l'époque fixe du com-

mencement de chacune des *trois révolutions à résu-
mer,* révolutions, qui toutes étaient expirées alors ,
nous eûmes à compter les cercles concentriques de
ces arbres abattus, soit dans les coupes alors en
exploitation, soit dans les laies que nous ouvrions
pour tracer nos lignes d'opérations. Nous avions à
comparer, ensuite, l'âge indiqué par le nombre de
cercles avec l'âge que devaient avoir ces mêmes
baliveaux, *selon qu'ils avaient été réservés lors de la
première, de la seconde, ou de la troisième révolu-
tion.* Ceci posé :

Soit A le nombre d'années de la 1re révolution.

Soit B le nombre d'années de la 2e révolution :

Soit C le nombre d'années de la 3e révolution :

Soit X l'excédent présumé et cherché du nombre
d'années pendant lesquels la nature a suspendu son
travail *durant le cours de ces trois révolutions
.ensemble :*

Soit Y le nombre des cercles du baliveau sur
lequel on opère ;

On avait $A + B + C - X = Y.$

Deplus, si les trois révolutions étaient de 60 ans
chacune, on avait encore $A + B + C = 180$ ans.

Enfin, si le nombre des cercles du baliveau était
150, on avait $Y = 150.$

Il y avait alors lieu de conclure que $X = 180 -
150,$ c'est-à-dire que $180 - 150 = 30$ exprimait
30 feuilles perdues ; 30 ans dont les bois étaient

demeurés en arrière ; 3o ans pendant lesquels la végétation avait été suspendue par l'effet consécutif de la fatigue des souches, et du repos qu'elles avaient pris spontanément.

237. — Nous observâmes que, durant ce repos des vieilles souches, le terrain s'était couvert de nouveaux plants venus de graines, et que *ces plants nouveaux surpassaient souvent en beauté le bourgeon des souches fatiguées.*

238. — Nous comparâmes l'*écorce* du bois, ainsi que *sa venue* dans les vallées, sur les hauteurs et à mi-côte. La hauteur des baliveaux ; la nature de leur enveloppe corticale ; le lancis de leur branchage, furent tour à tour l'objet de notre examen et de nos études. Aux *données* que nous nous étions acquises sur la perfection des bois dans tels et tels climats comparativement à celle de tels et tels autres de la même forêt, nous ajoutâmes quelquefois l'épreuve de la pesanteur d'un cube égal pris *au pied*, *au milieu et au sommet* du corps de l'arbre. Le poids et la densité relative de ces trois cubes nous donnaient assez souvent les preuves cherchées de la convenance de couper à tel âge plutôt qu'à tel autre. Enfin, nous inscrivîmes la substance de nos observations sur des papiers de retombe superposés à notre *plan-minute* où nous avions figuré toutes les côtes et les aspérités du terrain.

239. — Ce corps de recherches nous conduisit à diviser la forêt en *trois triages*, parce que nous y avions parfaitement distingué *trois degrés bien tranchés de productibilité*. Nous traçâmes donc, à travers la broussaille, le périmètre de ces trois triages dont nous levâmes les plans partiels que nous mîmes dans leur position respective sur notre plan général. Ce fut alors que nous reconnûmes combien la disposition des lieux se prêtait à l'ouverture de trois belles routes qui remplissaient le double objet *de séparer largement les triages entre eux*, *et de conduire les bois de la forêt aux ports de Montargis et de Puy-la-Laude*, sur le *canal de Loing où viennent confluer ceux d'Orléans et de Briarre*. Nous fîmes le tracé de ces trois routes, et nous abordâmes ensuite les calculs de finance. En dépouillant au greffe le revenu de cette forêt depuis *trois*, *cinq*, *dix*, *quinze*, *vingt*, *trente ans*, *cinquante ans*, etc., etc., nous eûmes des données certaines sur le moyen terme de ce revenu aux diverses époques que nous voulions comparer entre elles.

240. — Nous arrêtâmes ensuite nos projets d'aménagement pour chaque triage. Nous fîmes état *de la quantité*, *de la qualité*, *de la grosseur et de l'âge des bois qui devaient sortir de notre système année par année*. Nous trouvâmes la possibilité mathématiquement et physiquement démontrée de l'augmentation de revenu articulée dans notre *avant-*

propos. Nous eûmes à faire mettre en vente, *par forme d'extraordinaire*, une quantité considérable de bois surannés qui épuisaient le sol en pure perte. Il était urgent de les exploiter *afin qu'ils fussent d'âge compétent lorsque devait arriver leur tour d'usance dans le nouveau mode d'exploitation qu'il s'agissait d'imposer à cette forêt.*

241. — Après toutes les recherches préliminaires, après tout le travail préparatoire que nous venons d'exposer, nous divisâmes chacun des triages en grosses masses dont nous composâmes des *numérations*, ou *séries de coupes*. Chacune de ces séries fut de 25 *ventes dans le premier triage* qui devait être *usé* à 25 *ans*. Elles furent *de 40 coupes dans le second triage* qui devait être *usé à 40 ans*. Elles furent, enfin, *de 50 coupes dans le 3ᵉ triage* qui devait s'exploiter *à 50 ans*.

242. — Nous eûmes, ensuite, à diviser, sur le terrain, les séries en autant de coupes qu'il en était attribué à chacune d'elles par le projet d'aménagement.

243. — Vint après cela, l'arrangement de chaque *numération ou série;* nous voulons dire l'ordre et la SÉQUENCE *des coupes de proche en proche :* puis, enfin, le calcul de la contenance desdites coupes. Nous procédâmes successivement au bornage numéroté, comme au fossoyement des nouvelles ventes.

244. — En ce qui touche les bois à vendre *par*

forme de coupes extraordinaires, et que nous avons mentionnés (240) il nous fallut en disposer les adjudications *de manière à les faire concorder d'âge avec la nouvelle marche.* Il fallut surtout prévenir un engorgement , une surabondance qui eussent pu déprécier la marchandise aux yeux des adjudicataires ; ils furent donc vendus en quatre ans : *Il en fut adjugé pour 436,679 francs.*

245.—Nous terminâmes nos opérations du déhors par l'ouverture des routes du second ordre qui devaient faciliter les exploitations et les vidangés. A l'égard des travaux du cabinet, nous avons mis la réduction de notre plan minute à divers grandeurs plus ou moins portatives, et *même de dimension à pouvoir être gravé.* Cette gravure à laquelle était joint le tableau des *numérations ou séries de coupes à exploiter chaque année ,* nous semblait devoir être *l'album* des officiers de la maîtrise , des adjudicataires habituels, des gardes , des usagers , et de tout ce qui était intéressé à la chose. *Lorsque des opérations sont sûres et bienfaites , que risque-t-on d'en donner la clef à chacun ?* quand il n'y a qu'un petit nombre de personnes initiées , le sort des forêts est fort hasardé. Elles sont le théâtre habituel des intervertissemens de coupes , et du désordre dont nous avons cité tant d'exemples. Un petit nombre de personnes peut se tromper à la fois et en peu de temps ; le public ne se trompe jamais.

246. — Telles sont les filières par lesquelles nous avons fait passer la refonte de la *forêt de Montargis*. Telles sont les combinaisons, les études, les recherches *au dedans et au dehors*, et les procédés par lesquels nous avons élevé son revenu *de* 85,000 *francs qu'il était, année réduite, à un produit annuel et perdurable de plus de* 180,000 *francs*. Nous avons déjà dit, (*avant-propos*) et nous croyons devoir répéter ici, que l'augmentation survenue dans le prix-marchand du bois est tout-à-fait en dehors de l'importante bonification que nous venons de signaler. *Elle reconnaît pour cause unique le rajeunissement des âges, et la plus grande quantité de bois qui s'en est suivie à vendre par ordinaire.* Toutefois, la cherté progressivement croissante de la denrée exerce nécessairement une influence générale sur cette branche de commerce; il est très-vraisemblable, dès lors, que le chiffre de son accroissement de revenu surpasse aujourd'hui celui de 180,000 francs.

247. — Le système par lequel nous avons plus que doublé le produit annuel de *la forêt de Montargis*, nous a fait obtenir des succès analogues dans *le Chaumontois* dont *nous avons triplé le revenu, et par-delà*, puisque de 41,061 *francs* nous l'avons élevé à 127,822. On n'y coupait, par ordinaire que 330 arpens (*par infraction à un arrêt du conseil, de* 1719, *qui ordonnait d'en couper* 350.) Mais

nous avons démontré *comment et pourquoi l'on de-*
vait y couper 450 arpens , en 15 ventes. A partir
de 1793, il y a donc eu une *augmentation de 120*
arpens sur les coupes ordinaires de chaque année.
(Nous disons *à partir de* 1793 , parce que *depuis*
1784 *qu'ont commencé nos opérations*, nous avons
disposé que *jusqu'et compris* 1792 , *il serait coupé*
500 *arpens par exercice, afin de venir au secours*
des bois surannés et périssant sur pied. Ce n'est
donc *qu'à partir de* 1793 qu'on est incommutable-
ment entré dans l'usance de 450 *arpens par an.*)

248. — En foresterie, comme en politique, on
n'arrive pas à un nouvel ordre de choses sans de
fort grandes difficultés. *Il n'a pas été si aisé qu'on*
pourrait le croire, de prime-abord, de passer du
régime de 330 *arpens à celui de* 500 , *pour ensuite*
s'arrêter définitivement à celui de 450. Ainsi que
toute révolution politique ne prend assiette et ne
porte ses fruits qu'après avoir été long-temps entra-
vée dans sa marche, par des volontés divergentes et
par des intérêts contraires ; de même tout nouvel
aménagement est contrarié dans son ensemble, et
traversé dans son exécution par des bois d'âges fort
différens entre eux. *De ces différences d'âges qui se*
présentent par tout, sous tant de formes, sous tant
de figures irrégulières et de contenances diverses,
il résulte une opposition souvent fort compliquée,
toujours fort embarrassante. On ne surmonte cette

opposition qu'avec *beaucoup de combinaisons , de travail et de persévérance.* Il faut infiniment d'art et d'habileté pour faire concourir, à l'augmentation d'un revenu annuel, des bois *d'âges discordants, mélangés entre eux dans des proportions aussi variables qu'il y a de coupes à mettre en harmonie.* Il faut un bien large ensemble d'idées pour organiser un nouveau système suivant lequel des ventes, composées de bois de tous âges, entrent pour leur contingent dans le revenu de l'année, *de manière surtout à ce qu'à révolution de coupes , chacune de ces ventes puisse avoir, à très peu près, l'âge qu'on assigne aux bois du triage entier.* On sent à merveilles que le problème serait insoluble *si l'on n'avait pas la ressource des bois surannés* pour faire compensation aux lacunes que l'on rencontre à chaque pas ; mais *il reste vrai qu'un travail de la sorte, aussi compliqué que sérieux, pénible et rebutant, est tout-à-fait hors du cercle de ce qui se pratique, et de ce que l'on sait faire aujourd'hui.* L'HONNEUR de *bien faire* et de *servir le pays* peut seul triompher de tant de difficultés locales : seul il peut enfanter les résultats curieux qui doivent en être la suite. Ces résultats ne peuvent être que l'œuvre de l'instruction , des talents , et d'une *volition* fortement prononcée ; mais *jamais les faveurs , la protection, ni les cautionnemens ne produiront rien de semblable,* SOUS QUELQUE GOUVERNEMENT QUE CE SOIT, *tant*

que l'organisation forestière proprement dite restera
ce qu'elle est, et ne sera pas reconstituée sur des
bases toutes nouvelles (*).

(*) C'est au sujet de nos succès dans l'aménagement de *la forêt
de Montargis*, que, M. Pɪᴛoɪɴ, *alors intendant des finances de la
maison d'Orléans*, nous écrivit la lettre d'encouragement rapportée,
avant-propos, pag. xxj.

CONCLUSION.

249. — Une masse de faits graves, bien constatés, nombreux et concordants , parle avec une autorité que les hommes de sens , que les âmes droites, que les cœurs français ne méconnaîtront pas.

250. — » Malgré que de majestueuses forêts couvrissent une grande partie de la France, une » ordonnance de 1573 n'en prescrivit pas moins de » garder en réserve une portion des *bois du roi.* Au » sein de l'abondance on pensait donc à conserver, » et même à accroître les richesses forestières dont » on jouissait alors ; et voici que plongés dans l'in- » digence, comme nous le sommes, nous ne son- » geons point à nous procurer le nécessaire qui » nous échappe. » *A dit* M. DRALET , dans son *Traité du hêtre* , publié en 1824.

Ce studieux observateur de la nature et des choses expose aussi :

» 1°. — Que, d'après les registres de la marine, » d'accord avec ceux des douanes, nous sommes, » chaque année, tributaires de l'étranger, pour les » arbres de construction que ne nous fournit plus » le riche et beau sol de France ;

» 2°. — Que cette pénurie devient de plus en plus
» alarmante ;

» 3°. — Qu'en 1762, une poutre de 15 mètres
» de long, coupée dans les *Pyrennées*, et *rendue*
» *à Toulouse*, se vendait *quatre-vingt francs*,
» qu'en 1783, une pareille poutre y valait *trois*
» *cent francs*; et qu'en 1803, elles se vendait SIX
» CENT FRANCS ;

» 4°. — Que *les Pyrennées sont maintenant épui-*
» *sées*, et que se sont *les forêts voisines du Rhône*
» qui *approvisionnent Toulouse ;*

» 5°. — Qu'*en* 1788, la France tira de l'étranger
» *pour* 24,572,000 *francs* de *bois*, de *charbon*,
» de *cendres*, de *soude* et de *potasse ;*

» 6°. — Que chaque jour voit accroître nos be-
» soins sans rien ajouter à nos ressources, sans
» même flatter nos espérances ;

» 7°. — Enfin, que *s'il n'y est porté un prompt*
» *remède*, LE TEMPS EST PROCHE OU IL DÉPENDRA DE
» L'ÉTRANGER DE NOUS EMPÊCHER D'ENTRETENIR NOS
» ARSENAUX ET NOS ÉDIFICES. »

Telle est, au vrai, notre *anxieuse* situation si
bien définie par l'impartial et laborieux conserva-
teur des forêts du 12e arrondissement. Inspiré par
la *triple évidence de fait*, *de sentiment et de raison*,
cet honorable et zélé fonctionnaire a cru devoir ré-
péter ce qu'ont déjà dit, en vain, les *Colbert*,

les *Réaumur*, les *Buffon*, les *Martignac* et les *Baudrillart* (*).

251. — Comment écarter de si graves et de si prochains malheurs ? Ce n'est assurément pas sur son administration forestière actuelle que la France peut fonder un solide espoir ; la choquante inhabileté de cette administration n'est plus à l'état problématique : sous quelque point de vue qu'on l'envisage, on ne peut que la reconnaître infiniment au-dessous de son mandat. Le gouvernement de CHARLES X, *quelqu'opposé qu'il fut aux idées nouvelles*, a si bien compris cette infériorité de moyens, *qu'il n'a pas*

(*) M. Baudrillart est, *en foresterie*, l'homme de la plus attachante érudition qui se puisse voir. Ses lumineux ouvrages lui assignent une place très-remarquable parmi les *hommes de désir* qui ont illustré le pays par des productions aussi largement conçues que purement écrites. Son discours préliminaire, contenant *l'histoire des forêts et de leur législation*, est un chef-d'œuvre de diction, de méthode et de clarté. Non seulement il s'y appuye sur les meilleurs auteurs français qui ayent écrit sur la manutention des bois ; mais encore il a puisé dans *Hartig, Burgsdorff, Laurop, Trunck et Verneck*. Il fournit, avec une rare distinction, sa carrière de *chef de la deuxième division*, près l'administration centrale. Il a appris et su tout ce que peut apprendre et savoir un grand travailleur attaché à des fonctions sédentaires : Il a fait et dit, dans l'intérêt des forêts, tout ce que sa position personnelle lui a permis de dire et de faire. On lui doit une bonne traduction, de l'allemand en français, des beaux ouvrages d'*Hartig*, et du manuel forestier de *Burgsdorff*.

cru pouvoir refuser aux besoins du siècle l'établisse-ment d'une école spéciale forestière. Mais les promotions abstruses de 1831, ainsi que d'autres promotions antérieures plus *exhorbitamment surprenantes* encore témoignent assez qu'il n'y a point d'améliotions subtantielles, et *franchement voulues*, à espérer de cette concession du pouvoir déchu, *tant que l'organisation du service sédentaire et du service actif restera ce qu'elle est.*

252. — En ce qui touche l'*école de Nancy*, proprement dite, il faut remarquer qu'alors même qu'on y a reçu toute la somme d'instruction que comporte l'ordonnance royale du 1er décembre 1824, *on ne sait*, intrinsèquement parlant, *que fort peu de chose.* Les canditats qui se présentent pour être admis, *comme élèves à l'école polytechnique*, sont beaucoup plus forts, *en savoir*, que ne le sont communément les élèves qui ont suivi, même avec un succès remarquable, tous les cours de *Nancy*, avant d'entrer, *comme gardes généraux*, dans le service actif.

L'organisation de cette dernière école présente, d'ailleurs, une utopie dont le bon sens fait raison tout d'abord. En effet, et selon l'échelle d'avancement, *un garde-général*, avec le temps, *peut devenir conservateur*, comme *un sergent peut devenir colonel.* Mais existe-t-il un seul corps où les subal-

ternes ne soient commandés par des supérieurs gra-
duellement plus instruits qu'eux? — S'est-il vu
jamais qu'un sergent fut commandé par un capitaine
qui n'ait pas connu et pratiqué avant lui le manie-
ment des armes? — Non, sans doute, et pourtant,
même en 1831, par l'effet consécutif d'un vice fonda-
mental de constitution, l'agence forestière de France
procède par le diamètralement opposé! Tel garde
général qui aura suivi, avec distinction, les cours
spéciaux de l'école peut, *selon le bon plaisir*, se
trouver *sous la dépendance insolite de tel inspecteur
improvisé qui demandera gravement quel arbre
produit les échalottes.* — Les gardes généraux,
éclairés du flambeau de la science, peuvent, à cha-
que instant, recevoir des *intrus-protégés* qui sont en
possession d'envahir les emplois, des instructions
incompatibles avec les préceptes de la science, ainsi
que cela s'est déjà vu (§. 157). De cette grotesque
anomalie, *de cette étrangeté de discipline,* il ne peut
pas ne pas résulter très-inévitablement, et surtout, A
L'INSU DES MANIPULATEURS, *l'analogue* de ce qui
est arrivé, de 1763 à 1772, dans la forêt d'Orléans,
où les *trente-deux* officiers de la maîtrise *proclamée
comme la plus habile du royaume,* SE BLOUSÈRENT
TOUS ENSEMBLE, par le bizarre intervertissement
des coupes de 10,443 arpens de bois, men-
tionné (§. 152).

253. — Les apologistes du système contre lequel

nous nous élevons avec une conviction si profondé-
ment sentie, nous objecteront, peut-être, qu'*on
obscurcit le flambeau de la vérité quand on l'agite
inconsidérément*. Cette objection spécieuse pourrait,
à la rigueur, être admise dans une controverse de
politique ou de théologie : mais avant de l'admettre
comme applicable à l'objet qui nous occupe ici,
nous demanderons quelles garanties ont les contri-
buables, et *le gouvernement lui-même*, que ce qui
est arrivé déjà ne se répète pas habituellement sur
plusieurs points de localité? Nous demanderons
pourquoi le trésor fait des frais énormes d'aménage-
ment *puisqu'ils sont en pure perte*, attendu que les
capacités forestières en exercice ne veulent ou ne
savent pas s'y conformer; et puisqu'en 1830 encore,
il en a été des aménagemens de *Chaillou* DANS LA
FORÈT DE BERCÉ (XIe conservation), comme il en
a été des aménagemens de *Vauclin dans la forêt
d'Orléans* (*voy.* pages 111 et 126) (*). Nous de-
manderons en quoi nos forêts sont aujourd'hui gou-
vernées avec plus d'intelligence, et mieux régies
qu'elles ne l'étaient *il y a trois cents ans*, malgré
que l'instruction d'*Hartig*, sur la culture des bois

(*) Pourquoi le mémorial de **M.** Herbin de Halle, pour 1828,
dit-il que, dans la XIe conservation, les futaies qui y sont nom-
breuses s'exploitent de 100 à 150 ans d'âge, quand il est de *fait*
que l'on y en coupe à 300 ans? Pourquoi cette discordance entre
le dire et le faire? sur quoi donc statuer?

.soit, depuis 1805, le *veni mecum* de tous nos
.forestiers?

254. — Depuis des siècles, la France subit le
joug d'une foresterie passive et pédagogue; d'une
foresterie stigmatisée d'une *claudication* sempiter-
nelle. Les hommes à talent, les *forestiers par excep-
tion* qui s'y trouvent employés ont à s'appliquer ce
qu'à dit Ovide : » *video meliora proboque, dete-*
» *riora sequor.* » Remplaçons donc, enfin, une
machine détraquée par une institution scientifique
et vraiment nationale. Attendre de celle-là les pro-
duits substantiels qu'on obtiendrait de celle-ci,
c'est prétendre cueillir des fruits savoureux et délec-
tables sur un *sauvageon.*

255. — Il est un terme a tout! Une stérile
gestion dont l'impuisssance remonte au-delà de 1356;
une gestion qui ne participe en rien aux perfec-
tionnemens généraux qu'enfante la civilisation, ne
saurait prolonger indéfiniment son empirisme sans
insulter au *bon sens public.* Il faut donc *trancher le
nœud-gordien,* et savoir prendre un parti décisif
contre la pressante gravité du mal qui nous déborde.
Les demi mesures sont désormais incompatibles avec
la dignité du gouvernement, avec *l'honneur du
pavillon français,* avec *les nécessités industrielles
du pays,* avec *les conditions de sa sûreté, pour ne
pas dire de son existence.* Des moyens temporisa-

(213)

teurs ne feront que recouvrir d'un vernis fallacieux
le vice capital qu'il est urgent d'extirper jusques
dans ses racines. Le *protectorat* est l'emblême de
l'*hydre à sept têtes;* si l'on capitule avec lui, les
abus se reproduiront, *mutato nomine* (*). C'est
seulement en confiant le service forestier à des
hommes concrèts, que le pays aura des garanties
réelles, et suffisamment rassurantes. Il faut en venir,
soit à réaliser le projet, *autrefois conçu par* Tru-
daine, *de réunir les eaux et forêts aux ponts et
chaussées;* soit à *transmettre l'agence forestière à
un corps spécial d'ingénieurs dont tous les membres
auront à passer* par la filière du concours. Ce
n'est que par la voie du concours, sauve-garde
immédiate et naturelle *de la solidité des choix;* ce
n'est que par ce moyen *si concordant avec le pro-
grès des lumières*, que les antichambres et les bu-
reaux ministériels se déblayeront de l'assommante
médiocrité qui les encombre sans pudeur, et qui les
assimile aux *écuries d'Augias.*

(*) Un individu avait succombé dans un démêlé qu'il avait eu à
soutenir devant la *cour d'assises du Haut-Rhin*; mais, nonobstant
cette catastrophe flétrissante, et au grand scandale de ceux qui ont
connu cette *échauffourée* du protectorat, ce même individu figure,
dans le mémorial statistique des forêts du royaume, année 1828,
comme *agent forestier* chargé du service, et, comme tel, asser-
menté devant le tribunal de son ressort!!! que faut-il penser d'un
aussi révoltant cynisme?

256. — Le moment est venu de rapprocher la science forestière des sciences exactes, dans toutes les proportions selon lesquelles ce rapprochement est praticable. L'heure est arrivée d'organiser le service des forêts à l'instar de ceux des *mines*, des *poudres et salpêtres*, du *génie*, des *ponts et chaussées*, etc., etc. UT PICTURA PŒSIS. Malgré qu'il y ait une *école spéciale de marine*, à bord de l'*Orion*, en rade de *Brest*, (comme il y a une école spéciale forestière, à Nancy), on recrute néanmoins, parmi les sujets de l'*école polytechnique*, des successeurs aux DUPERRÉ, aux DÉRIGNY ; toutes les écoles d'application y puisent des capacités du premier ordre : pourquoi n'y recruterait-on pas aussi les *Burgsdorff* et les *Hartig* français qui nous ont manqué jusqu'ici, et qui nous manqueront aussi long-temps que durera l'ordre actuel de choses ?

257. — Il faut, au surplus, respecter la possession d'état, et ne jeter la perturbation dans l'existence de qui que ce soit. Ce serait donc seulement à mesure de la vacance des emplois, soit par décès, soit par admission à la retraire, que le remplacement dont nous ouvrons l'avis recevrait son application.

De cette manière, les agens actuellement en exercice n'auraient point à se plaindre : *aucun d'eux ne serait froissé.* Ceux qui sont encore d'âge à ressentir la brulante émulation dont la jeunesse française est enflammée accueilleraient le nouvel ordre de choses par acclamation. La carrière s'agrandirait pour eux, surtout *si le principe de la liberté d'enseignement était consacré;* et si le concours seul décidait l'admission des candidats, *à quelque source qu'ait été puisée l'instruction requise* quand, d'ailleurs, elle serait complette, et *quand il en serait publiquement justifié;* car la publicité est la plus forte garantie contre la fraude, et contre la connivence, a dit le savant *Dupin* (*).

258. — Cette nouvelle carrière ouverte aux élèves de la première école du monde civilisé, (l'école polytechnique) serait l'honorable et juste récompense de l'héroïque valeur, et du dévouement à la patrie de ces *nouveaux spartiates.*

259. — Un corps aussi compacte et aussi savamment composé que nous venons de le dire parlerait un langage inconnu jusqu'ici dans cette *mère-branche* de l'administration publique. Des rapports lumineux et substantiels dévoileraient enfin une situation forestière qui sera toujours mystérieuse pour les regnicoles *tant que les épanchemens de la franchise et de la vérité seront comprimés par la crainte d'attirer sur soi l'injuste disgrâce* d'une administration centrale *excentrique à son mandat* et *qui n'en-*

(*) **Dans son** édition du *Code forestier.*

(216)

tend pas raillerie sur le chapitre des révélations. Les sciences exactes subiraient de nouvelles applications qui enrichiraient la société de nouvelles découvertes, et qui agrandiraient le domaine du génie national. Le pays aurait enfin des *ingénieurs-forestiers* dignes de ce nom tout neuf. Tous les membres de ce corps, indistinctement et dans tous les grades, (à partir de celui de *garde général,* inclusivement, jusqu'à celui de *directeur-général* inclusivement aussi), seraient aptes à lever trigonométriquement tous les nouveaux plans dont le besoin se ferait sentir; comme à rectifier les plans anciens qui auraient cessé d'être la fidèle expression du terrain (*). Nous rivaliserions

----

(*) Avec un *personnel* ainsi composé, l'on ne verrait plus de ces lourdes et grossières méprises qui compromettent le service, et dont les adjudicataires font *gorge-chaude*; par exemple :

En exécution de la loi du 25 mars 1831, des affiches ont été apposées pour désigner les bois à vendre, par fonds et superficie, *devant le préfet de la Mayenne.* Le bois de la *Baronie, arrondisse- de Laval,* figurait sur ces affiches. *Une contenance de 59 hectares lui était attribuée, mais il en contenait* 72. Or, le 30 mai dernier, *jour fixé pour l'adjudication,* les enchérisseurs étaient réunis, dans la salle de la préfecture, *à Laval. On allait allumer les bougies* quand une autorité compétente qui avait, à ce qu'il paraît, découvert *la méprise,* est intervenue, *séance tenante,* et, *coram populò,* pour requérir qu'il fut sursis à l'adjudication.

Un préalable mesurage du *bois de la Baronie* eut prévenu cette *équipée* qui a produit, dans le public, un mauvais et fâcheux effet. Mais la faute n'est pas imputable au conservateur puisque l'administration centrale, pour *liarder* sur des frais d'arpentage, bientôt de prospérité forestière avec la *Hollande*, avec l'*Allemagne*, avec le *Nord*, et notre belle France, affranchie des tribus onéreux qu'elle porte à l'étranger, aurait aussi des HARTIG, et des BURGSDORFF.

260. — Au moyen de cette mesure d'une exécution si facile, et si vivement conseillée par l'autorité du bon sens ; au moyen de cette mesure qui, loin d'imposer de nouvelles charges au trésor, ferait succéder de sages économies à des dépenses mal entendues, souvent même en pure perte (Entre autres *celle des aménagemens* (§. 161) *auxquels on ne sait pas se conformer*), de nouveaux et nobles encouragemens décernés à l'illustration du talent da-

---

fait établir *la contenance des bois à aliéner, en sommant* les contenances partielles selon lesquelles ont été adjugées les anciennes coupes dont se composent lesdits bois, (*géométrie économique, et de nouvelle création, qui n'est plus la géométrie de l'institut*)*!* Comment un conservateur qui ne saurait voir les choses dé trop près, et trop souvent, peut-il les voir assez souvent et d'assez près ? Comment peut-il être assez rapproché de tous les détails de son affaire, quand les adjudications annuelles absorbent un mois de son temps, et *quand l'administration forestière ne lui alloue que soixante-cinq journées de déplacement, à raison de vingt francs par jour ?* C'est donc moins aux agens subordonnés qu'il faut s'en prendre qu'à la *flaccidité d'organisation* qui en dirige le mouvement. *Un vice de fonds ne peut que produire des vices de détail.* Il faut dire d'un désordre si prolongé » *vires acquirit eundò.* »

teraient du règne de Louis-Philippe, et ne pour-
raient qu'ajouter à son naissant éclat.

261. — *En matière forestière*, la France a eu de
très-illustres écrivains que peut lui envier l'*Allema-
gne*; mais jamais encore, aucun écrivain français
n'a eu le double mérite de produire, dans un cadre
aussi resserré, un aussi savant corps de doctrines
qu'*Hartig*; ni de faire *marcher de front* la science
d'une longue et brillante pratique avec une lumi-
neuse et profonde théorie. La mesure que nous
osons soumettre aux *hommes de lumière* ajouterait
bientôt cette gloire nouvelle à toutes les gloires qui,
déjà, rehaussent le nom français. A cet effet, l'*école
de Nancy* deviendrait purement et simplement une
école d'application, comme celle *de la marine, des
ponts et chaussées*, etc., etc. On s'y familiariserait
avec la législation et la jurisprudence, *tant adminis-
tratives que judiciaires*, sur ce qui se rattache aux
eaux et forêts; ainsi qu'avec la botanique forestière,
en ce qui touche l'époque de la maturité des semen-
ces, et de leur récolte; leur préparation et leur
conservation, car le succès des semis est sous la
dépendance immédiate de la qualité des graines. Il y
aurait à y asseoir, *sur de larges bases*, l'enseignement
de la physique végétale; de l'histoire naturelle *ap-
pliquée aux forêts*; de la culture, du gouvernement,
et de l'exploitation des bois; de l'éducation des ar-

bres propres aux constructions civiles et navales, etc.
*L'institut, et la société royale et centrale d'agricul-
ture pourraient être utilement consultés sur le mode et
sur l'organisation de cet enseignement tout spécial.*

262. — C'est par cette *mesure d'ensemble* que
nos forêts, enfin émancipées d'une tutelle exaction-
naire n'auraient plus à dépendre d'une légion de
préposés sans à-propos, qui peuvent vouloir, mais *qui
ne savent pas pouvoir* dans une carrière où l'appli-
cation de la géométrie, ou la solidité du jugement,
la méthode et la précision du travail, *l'esprit de
suite*, et la permanence de l'exploration sont des
CONDITIONS DE RIGUEUR. Ces conditions sont *soli-
daires pour la vitalité des forêts*, comme l'honneur
est solidaire dans les familles. On comprend, et de
reste, combien *elles sont impossibles à remplir avec
l'organisation forestière actuelle, et combien cette
organisation molasse rend le problème insoluble.*

263. — L'objet vaut la peine qu'on y pense, et
nous répétons que chacun de nous autres français
est réduit à *moins de neuf pieds cubes de bois, par
an*, pour constructions nouvelles, grosses et menues
réparations, chauffage, service culinaire, consom-
mation de fours à pain et à chaux, etc., etc. *Voilà*,
il faut en convenir, *une bien triste allusion à* l'HOMME
AUX QUARANTE ÉCUS *de Voltaire.*

264. — **La louange** que les nuances d'opinion attachent ou refusent à la carrière administrative des hauts personnages est quelquefois embarrassante pour la postérité : quelquefois même des éloges de mauvais aloi sont démentis par l'histoire contemporaine. Mais le nom, de l'homme d'état qui aura *assez de force d'esprit*, avec *assez d'énergie dans la volonté* pour sortir des sentiers battus, et pour appliquer à nos forêts indignement mutilées, le système reparateur *dont nous venons de poser la pierre angulaire*, sera écrit, en caractères ineffaçables, dans le livre des grandes et généreuses conceptions.

Le lierre rampe et demeure inaperçu, s'il est privé de l'appui du chêne. Nous plaçons donc sous la haute protection de tous les corps savants et de toutes les sociétés agricoles, amis toujours fidèles des progrès de l'esprit humain, les Considérations d'ordre et d'intérêt public que développe cet ouvrage. Nous osons recommander à leur patriotique sollicitude ce dernier fruit d'une longue et dispendieuse expérience. Puissions-nous fixer leurs sévères méditations, et par contre-coup, celles du pouvoir, sur un objet qui intéresse, à la fois, le ministre en faveur et le garçon de bureau, l'opulent capitaliste et le modeste rentier ; le palais et la chaumière.

Plinguet,

Ancien Ingénieur des Princes Louis-Philippe et Louis-Philippe-Joseph, Ducs d'Orléans, père et grand-père du Roi Louis-Philippe 1.er

ERRATA.

Pages	Lign.	Au lieu de	Lisez
viij	1	expérience de *Buffon*,	*Expériences de Buffon.*
11	12	3,300,000,000,	3,300,000 *arpens.*
12	13	d'où l'on peut déduire,	*d'où l'on ait pu déduire.*
22	19	de pente,	*de la pente.*
59	20	lu plupart,	*la plupart.*
61	1	en ce qui concerce,	*en ce qui concerne.*
74	17	l'argent agé de,	*l'arpent agé de.*
119	28	d'une bien plus petite,	*d'une bien petite.*
125	15	de formation,	*de réformation.*
129	10	il faut sureter,	*il faut fureter.*
141	28	en retira,	*en retirera.*
150	24	on sonde des espé-rances,	*on fonde des espérances.*
161	22	imposante culture,	*importante culture.*
170	5	patriciens,	*praticiens.*

TABLE GÉNÉRALE DES MATIÈRES

CONTENUES DANS CE VOLUME.

FIN DE LA TABLE.